别让心态害了你

庞丽娟 编著

线装书局

消极的心态会将负面情绪无限放大，
成为自己永远突破不了的障碍，
将自己围困其中。

卓越的成功者活得充实、自信、快乐，平庸的失败者过得空虚、窘迫、颓废。究其原因，仅仅是因为这两类人控制心态和情绪的能力不同。

心理失衡是痛苦的根源，
一个人如果连自己的心态都控制不了，
那他必然与失败为伍。

前言

一个哲人说过:“你的心态就是你真正的主人。”一位伟人说:“要么你去驾驭生命，要么生命驾驭你，你的心态决定谁是坐骑，谁是骑师。”心态决定命运。现代心理学已经证实，心态决定一个人的情绪，而情绪又决定一个人的人生。情绪源于心理，它左右着人的思维与判断，进而决定人的行为，影响人的生活。正面情绪使人身心健康，使人进步，能给我们的人生带来积极的动力；负面情绪不仅给人的体验是消极的，身体也会有不适感，进而影响工作和生活。情绪问题如果不予理会，不妥善处理，就会越积越多，最后把你的一切都搅得面目全非。成功者掌控情绪，失败者被情绪掌控。处理情绪问题的关键在于学会对各种情绪进行调适，将其控制在适当的范围内。事实上，喜、怒、忧、思、悲、恐、惊等情绪表现，恰恰是成功与失败的关键，这些情绪的组合有着非凡的意义，掌控得当可助你成功，掌控不当就会导致失败，而成功与失败完全由你自己决定。

我们每天都在经历各种各样的事情，以及这些事情给我们带来的诸多感受：时而冷静，时而冲动；时而精神焕发，时而萎靡不振。有时可以理智地去思考，有时又会失去控制地暴跳如雷；有时觉得生活充满了甜蜜和幸福，而有时又感觉生活是那么的无味和沉闷。这就是心态和情绪在作怪，它存在于每个人的心中，而且在不同的时期、不同的场合产生奇妙的效果。你是否也有过这样的体验：心情好的时候，看什么东西都顺眼，就连原来不喜欢的人也有了几分好感，对原来看不惯的事情也觉得有了几分道理；而心情不好的时候，面对再美味的佳肴也难以下咽，再美丽的风景也熟视无睹？心态和情绪的影响力可见一斑，而成功和快乐总是属于那些善于控制自己的心态和情绪的人。卓越的成功者活得充实、自信、快乐，平庸的失败者过得空虚、窘迫、颓废。究其原因，仅仅是因为这两类人控制心态和情绪的能力不同。善于控制自己的心态和情绪的人，能在绝望的时候看到希望，能在黑暗的时候看到光明，所以他们心中永远燃烧着激情和乐观的火焰，永远拥有积极向上、不断奋斗的动力；而失败者并不是真的像他们所抱怨的那样缺少机会，或者是资历浅薄，甚至是上天不公。其实，大多数失败者失意时总是一味地抱怨而不思东山再起，落后时不想着奋起直追，消沉时只会借酒消愁，得意时却又忘乎所以。他们之所以失败，就是因为他们没有很好地掌控自己的情绪。

善于调整心态、控制情绪，才能走向成功，才能拥有快乐人生！人生最可怕的就是失控，而导致人生失控的罪魁祸首莫过于心态和情绪失控。坏心态、坏情绪是一座监狱，阴暗、潮湿；好心态、好情绪就像人间天堂，充满阳光和希望。让生活失去笑声的不是挫折，而是内心的困惑；让脸上失去笑容的不是磨难，而是紧闭的心灵。没有谁的心情永远是轻松愉快的，战胜自我，控制情绪，就要从“心”开始。我们无法改变天气，却可以改变心情；我们无法控制别人，但可以掌控自己。心态决定命运，情绪左右生活。早晨起来，先给自己一个笑脸，你一天都会有好心情。好心态会让人与人之间的关系融洽；好情绪会让人生充满欢声笑语。如何调整心态、掌握情绪，如何疏导和激发情绪，如何利用情绪的自我调节来改善与他人的关系，是我们人生的必修课。

本书是一部系统讲解心态和情绪的掌控原理、方法和现实运用的心灵读本，全面、深入、系统地讲解怎样杜绝消极心态和不良情绪，怎样激发正面心态和积极情绪，最终达到掌握心灵和情绪的目的，为那些正处于负面心态和情绪的人们提供一个走出困境的途径，帮助他们重新回到积极、乐观的生活中来。

目 录

第二章　战胜人性弱点，跨越心态藩篱

第四章　培养黄金心态，修炼成功素质

第六章　借助心态的力量，打造成功人生

第一章

心态的惊人力量，情绪的巨大作用

第一节　心态决定命运

心态的惊人力量

生活给人怎样的回馈，取决于你以怎样的态度对待生活。

现在做出口贸易的张女士讲过她亲身经历的事情：

上学时期，我很喜欢做数学的解答题，觉得一条一条地列出“因为、所以”，然后得出最终答案，是一件很有意思的事情，就像小时候和小伙伴们捉迷藏一样，最终把他们找出来的那种欣喜，可以让自己感到无比自豪。因为可以从数学中找到自己的乐趣，所以，我的数学很好。

似乎很多东西都有对立面，就像有喜欢就一定有不喜欢一样。是的，我不喜欢英语，超级不喜欢，那些长长短短的字母密密麻麻地摆在一起，感觉脑子都大了，无论老师怎样苦口婆心地讲解，我还是无法打心眼儿里喜欢上英语，自然而然，我的英语成绩很差。忘了是什么时候，我收到了一张明信片，是哪里的景色我已经不记得了，但是写在上面的那一行行漂亮得不得了的英文字母，却深深地刻在了我的脑海里。原来，那些曾经讨人厌的字母竟然可以美得如同一幅画。从那之后，我渴望接近英语的心变得欢喜而迫切，等到期末考试的时候，我的英语成绩竟然破天荒地得了 90 分。

听了张女士的故事，你是否也在惊讶心态所起到的巨大作用？

我们常说：念由心生。往往你认为自己是什么样的人，就将成为什么样的人。烦恼与欢喜，成功和失败，良善与邪恶，仅系于一念之间，而这一念即是心态。我们生活在这个大千世界中，受影响的因素有很多，因此，心态也取决于很多方面。比如：同样的生活环境，同样的教育背景，为什么有的人可以很成功，工作出色，生活美满，而有的人却忙忙碌碌，无所作为，经济拮据，只能维持生计？人与人为什么有这么大差距？到底是什么因素在影响着我们，并决定了我们每个人不同的命运？

面对这些问题，许多人往往把主要原因都归结于外界条件，认为自己之所以没有这么优秀，是因为没有好的家世背景、没念名牌大学、没有好的工作机遇等。他们只会用消极悲观的心态来抱怨生活和命运的不公平，却从来没有审视过自己是用怎样的态度来对待生活的，更不用说激发心态的巨大潜能去创造奇迹了。

其实，我们选择什么样的心态，就会有什么样的人生。要知道，决定你一生成败的关键因素就是心态。试想一下，如果你连自己事业不顺心、生活不如意的根本症结都搞不清楚，你还能奢望得到成功的事业和美满的生活吗？这个问题的答案，清清楚楚地写在我们每个人的心中。

世界上最重要的人就是你自己，所以，请不要轻易放弃你自己，一定要相信自己。

每一个人成功的能量源自于对梦想、价值观和痛苦的凝聚，我们要学着对自己有信心，鼓励自己穿过重重阻碍，实现自身的价值，这一过程中的种种经历，会刺激我们心态的张力，而这种张力往往能够爆发巨大的能量。

怎样使自己有一个好心态，并获取好心态潜在的惊人力量呢？

这就需要我们不断地去追求内心的充实，并且希望获得较高的文化素养，正如辩证法所说，内因和外因是可以相互转化的。内因和外因又是什么呢？内因是人的内功，概括为：知识广、品德正、能力强、发挥佳。外因就是通过内因来表达情感，是激情外在的一种流露。往大的方面说这是一个人的德行修为，与佛家修行中表现出的“以静为动，以退为进，以无为有，以空为乐”的心态同出一脉。人的一生，在和世间万事万物打交道的过程中，充满了太多的变化和不可预知，如何改变，让自己变得更好更强大？这就要从自身所具备的条件出发，而自身条件的形成，是进步发展的基础，只有奠定好这个基础，我们才能真正成为具有个性的、快乐并强大的人。

寻找良好的心态，把这种心态投入到我们对人生、对梦想的追求中，会让我们感受到内心的坦然。孔子有言：“知其不可为而为之，知其难为而勉力为之。”而我们需要的就是这种坚韧与执着的心态，有了这种坦然和慷慨进取的人生态度，我们就有了向成功人生冲刺的惊人力量。

好心态让你更优秀

社会在进步，知识也在以飞快的速度更新换代，我们所生存的环境，就像一个庞大的竞技场，输赢全在我们自己。特别是在竞争激烈的现代职场中，作为个人，你要么是卓越的狮子，要么是平庸的羚羊，而成为狮子还是成为羚羊完全取决于你的心态。

有一家成衣销售公司接到一个大订单。由于这笔订单对皮毛货品的需求量很大，老板担心皮毛供货商那里货品不足，就打算派人过去了解一下。

正好公司新来了三个员工，老板想：不如趁这个机会，考验一下他们，于是，他吩咐三个员工去做同一件事：去供货商那里调查一下商品的数量、价格和品质。

第一个员工10分钟后就回来了，他并没有亲自去调查，而是向别人打听了一下供货商的情况就回来汇报。半小时后，第二个员工回来汇报。他亲自到供货商那里了解了皮毛的数量、价格和品质。第三个员工90分钟后才回来汇报，原来他不但亲自到供货商那里了解了皮毛的数量、价格和品质，而且根据公司的采购需求，将供货商那里最有价值的商品做了详细记录，并且和供货商的销售经理取得了联系。在返回途中，他还去了另外两家供货商那里了解了皮毛的商业信息，将三家供货商的情况做了详细的比较，制定出了最佳购买方案。

面对同样的一件事情，三个人所持有的心态却截然不同。第一个员工只是在敷衍了事，草率应付；第二个充其量只能算是被动听命；真正尽职尽责地行事的只有第三个人。想一想，如果你是老板，你会赏识哪一个？如果要加薪、提拔，作为老板，你愿意把机会给谁呢？答案是显而易见的。

根据故事中三个人的表现，我们不妨做一下分析：机会永远都是公平的，它曾到过我们每个人身边，但是否能抓住，就取决于个人的心态。老板给三个人的机会是相同的，只是能意识到的，却是少数。所以，第一个员工注定要成为失败者，第二个员工只能成为一个平庸的人，而第三个员工则会超越平凡，成为卓越的成功者。

在这个世界上，成功的卓越者少，失败和平庸者多。成功的卓越者活得充实、自在、潇洒，失败和平庸者过得空虚、艰难、平淡。

造成这种现状的原因是什么呢？仔细观察、比较一下成功者与失败者，我们就会发现，是“心态”导致了他们的不同人生。这是我们最值得深思的地方。

然而，在工作中，许多人并不理解这一点：他们对自己的老板牢骚满腹，对待自己的工作懒散拖沓，对公司的前景悲观失望；而老板则时刻担心员工消极怠工，对公司产生不满情绪，动辄拍屁股走人。

兢兢业业立足于自己的本职工作，心无旁骛地发挥自己潜力的员工少之又少；能专心致志于公司的发展前景，不为担心员工跳槽而费神的老板更是难得一见。

我们常常看到这样一番情形：员工们工作起来十二分不情愿，而做老板的则整天为这类事情心烦意乱；员工想尽办法逃避责任，得过且过，对自己的工作敷衍了事，老板则要为改变这种糟糕的状况而绞尽脑汁。这样发展下去的结果是，员工和老板都把大部分原本应该花在工作上的时间和精力消耗在如何打赢这场内部战争上。这样只可能导致两败俱伤，这样的企业还谈何发展，这样的员工怎么会有前途？

林欣在一家中型企业做文秘，她的口头禅是：“那么拼命干什么？大家不是都能拿到薪水吗？”所以，林欣从来都是按时上下班，按部就班，职责之外的事情一概不理，不求有功，但求无过。

就算遇到挫折，林欣也很少在意，她最擅长的就是自我安慰：反正晋升是少数人的事，大多数人还不是像我一样原地踏步，这样有什么不好？

马宁是林欣的同事，只是普通的销售员。他的职业技能不是一流的，然而在公司里，人们经常可以看到马宁忙碌的身影。他总是热情地和同事们打招呼，一天到晚都是神采奕奕的。对于工作，他也很积极乐观，只要是领导安排的，他一定会力争第一。即使是在项目受到挫折的情况下，他也总是积极地寻求解决问题的办法，而不是打退堂鼓。因此，同事们都喜欢和他接触。

一年后，林欣仍然做着她的文秘工作，上司对她的评价始终不好不坏。一年一度的大学生应聘热潮又开始了，上司开始关注起相关的简历来，也许，新鲜的血液很快就会补充进来。林欣这时深感自己的处境有些不妙，而马宁却已经从销售员的办公区搬走，这一年，他被提拔为销售经理，新的挑战才刚刚开始。

由此可见，无论你正在从事什么样的工作，要想获得成功，就要改变自己的心态。如果你也像林欣那样，总甘于庸庸碌碌地工作，从不为改进工作做任何努力，那么，即使你正从事最不平凡的工作，你也不会有所成就。

纽约中央铁路公司前总裁佛里德利·威尔森被问及如何对待工作和事业时说：“一个人，不论是挖土，还是经营大公司，他都认为自己的工作是一项神圣的使命。不论工作条件有多么困难，或需要多么艰苦的训练，始终用积极负责的态度去进行。只要抱着这种态度，任何人都会成功，也一定能达到目的，实现目标。”

那么，你想要什么样的人生呢？是卓越的品质生活，还是一事无成呢？虽然结果并不一定能尽如人意，但如果你能选择以积极的心态来对待工作、生活，你就一定能够为自己创造出更多的机会。否则，遗憾的不只是你的老板，还有你自己，你会时常懊恼为何当初没有全力以赴。

危机中爆发的超人能量

在危机面前，人们的心态不外乎有两种：乐观和悲观。乐观者表现出临危不乱、运筹帷幄，这种人是智者也是英雄；悲观者则惊慌失措，主动放弃，从此走向失败。这两种心态造成了截然不同的两种结局：成功与失败。当我们认定已是败局、欲狼狈退出的时候，却在转身的瞬间看见成功者嘲笑的眼神。所以，不要轻易放弃，再坚持一下，就一下，成功就会握在你的手中了。

我们常说，有危机就有转机，人在面对危难之时，往往能够发挥出超乎想象的能量。

麦克卢尔是《麦克卢尔》杂志的创始人，他出身贫寒，没读过几天书，从童年开始，他就做各种各样的工作。靠自学，他读完了中学的课程，又经历了很多困难，才找到一份儿编辑的工作。他努力工作，得到了上司的赏识和提拔，一步步高升，他渐渐把眼光投向了杂志，希望自己能在这个行业有所作为，创建一份成功刊物的想法，占据了他的头脑。又经历了重重困难，他的想法终于有了实现的机会——他的上司德拉蒙德先生信任他，把这项工作完全交给了他。当他满怀信心和力量，正要大干一番时，却遇到了意想不到的困难。

1893年爆发的美国经济大萧条使麦克卢尔陷入事业的最低谷。

麦克卢尔强打精神，来到了德拉蒙德先生面前。他垂头丧气，倾诉自己的苦楚，认为自己犯了一个严重的错误——他现在做的工作，完全超过了自己的能力。

德拉蒙德先生一直沉默地听着麦克卢尔的讲述，也一直从容、镇静地看着麦克卢尔，脸上没有一丝一毫的焦虑。等麦克卢尔情绪平静之后，他对麦克卢尔说："假如一个人不是超过他的能力而工作，那说明他还没有最大限度发挥自己的潜力。每个人都是如此，如果你总能在最困难时找到最好的解决方案，那么你也一定会因此进入一个全新的领域。之后你会发现，再没有什么困难可以难倒你，也不再有什么力量可以阻止你向前。"

在听完这番话后，麦克卢尔又挺直了腰板，脸上的灰暗也一扫而光。他将上司说的那句话写下来，贴在自己办公室最显眼的地方，作为时时鼓励自己的座右铭。

麦克卢尔每天上班时都会在心里重复这句话，而每当他看到这句话时，总会感觉浑身上下立即就充满了力量，有使不完的劲儿。以前他总是担心自己会遇到无法解决的问题，而现在，他开始欢迎难题和阻力。他发现，好像是在一种神奇力量的指引下，他总是能出人意料地找到解决方案。他发现了从来没有发掘的一个领域——想象的领域。他的想象带领他离开常规与习惯，赋予他创造的能力。他总能创造性地解决问题，为他的工作迎来了更大的发展空间！

从优秀到卓越是个人能力的升华。很多时候，危机预示着转机。只要我们肯突破自我，越是危机就越能引爆我们潜藏的能量。也就是说，一个人应当时时超越自己的能力，做超过自己能力的工作，他才能得到最丰厚的成效。

每个上班族都希望的事情就是被老板赏识，体现出自身的价值。老板欣赏怎样的员工呢？老板欣赏那些能够做好自己工作的员工，更欣赏那些在工作中不断进步、不断超越自我的员工。

作为普通的企业员工，我们一样能实现自己的卓越，许多和我们一样普通的人已经以他们的实际行动和取得的成就给我们做出了示范。对这一点，我们一定要有信心。同时，我们还要清醒地认识到，追求卓越不是一件轻松容易的事。在追求卓越的道路上，我们会遇到许多坎坷、挫折，甚至是打击。好的员工会在遇到危机时总结自己的不足，不断让自己进步、更进步、更优秀，从优秀到卓越，永远保持积极的进取心。要追求卓越，就是努力使自己进入“卓越”的状态，不断督促自己调整心态，提高素质与技能，把工作中的小事做得不平凡，使我们在平凡的岗位上发出耀眼的光芒。

李兰研究生毕业后进入一家规模较大的贸易公司做项目部助理。公司的很多业务对于刚跨出校园的她来讲，都是前所未有的挑战，她常常被元老们“考验”着。可李兰并没有因此而放弃，相反，她越挫越勇，越是危急时刻，她越显得稳重大气，解决了不少拿不下的难题。

积极的工作态度和良好的工作业绩，使她赢得了领导的信任，不久，李兰便被提升为总经理助理。工作内容也从项目管理拓展到了协助总经理管理财务、人力资源、市场等方面的事宜。没过多久，公司一位人事主管突然离职，李兰顺利地补上了这个“缺”。

在工作中，李兰非常注意积累经验，并且把每次遭遇到的困境都当作历练自己的机遇，因为她明白，更高的职位必然对自己提出更高的要求，只有不断提高综合素质，锻炼自己独当一面的能力，才有可能获得晋升。三年之后，她顺利成长为人力资源总监。

自我超越是一项修炼，善于自我超越的人会警觉自己的无知、力量的不足以及成长的极限，从而努力去突破这种极限，开启自身的超人能量，不断地发展完善自身，向成功的目标迈进。不断学习、具备自我超越能力的人，会认清及运用那些变革的力量，在不断的超越中让自己得到发展。

好心态解密幸福生活

心态对一个人的生活是幸福还是不幸，是快乐还是忧伤，是成功还是失败具有很重要的作用。从某种意义上说，良好的心态对一个人具有决定性的作用。不管我们做什么，我们都应该学会保持这种良好的心态，这样我们才可能获得幸福。

一个人的幸福感和成就感取决于他的生存状态，而其生存状态的好坏又与其心态息息相关。大而言之，心态是人对人生的体验、对命运的感悟、对自我的定位；具体来说，心态是人面对困难时的意志，是对情绪的调控，是对现实与梦想的平衡。

因此我们说，幸福是自己给的，只要你能保持一种好心态，幸福就不会太远。

哈佛大学心理学专业的学生吉姆给自己找了一份儿兼职——照顾独居的威尔森太太，并帮她做一些家务。吉姆为人热忱，做事认真负责，深得老太太的信赖。

一天晚上，老太太敲响了吉姆的门，有些抱歉地说道："吉姆，很抱歉这么晚来打扰你。我的安眠药吃完了，怎么也睡不着觉，不知道你身边有没有？"

吉姆睡眠一直很好，从来不吃安眠药，可是当他看到老太太十分疲惫的脸庞，心里十分不忍，这个时候，他突然灵机一动，就对老太太说："上星期我朋友从法国回来，刚好送我一盒新出的特效安眠药，不过我忘记放在哪里了。这样好了，您先回去，我找到就马上给您送过去。"

老太太走后，吉姆找出一粒维生素片，然后送到了威尔森太太的房间，告诉她：“这就是那种新出的特效药，您吃了之后一定能睡个好觉。”

老太太接过药片，再三谢过吉姆后，就高兴地服下了那粒“特效安眠药”。

到了第二天吃早餐的时候，老太太兴奋地对吉姆说：“你的安眠药效果好极了，我昨晚吃完很快就睡着了，而且睡得很好，好久都没有这么舒服地睡觉了。那个安眠药你能不能再给我一些？”

吉姆只好继续让老太太服用维生素片，直到服完一整盒。事情过去一年多之后，老太太还时常念叨吉姆给她的“特效安眠药”。

吉姆用一粒维生素片就让老太太进入了梦乡，这其实就是心理暗示的作用。由于老太太平时对吉姆十分信赖，因此丝毫没有怀疑吉姆给她的“特效安眠药”，在强烈的心理暗示的影响下，老太太真就相信了“特效安眠药”的神奇效用。

心理学家马尔兹说：“我们的神经系统是很‘蠢’的，你用肉眼看到一件喜悦的事，它会做出喜悦的反应；看到忧愁的事，它会做出忧愁的反应。”研究发现，积极的自我暗示能调动人的巨大潜能，使人变得自信、乐观。当你习惯地想象快乐的事，你的神经系统便会习惯地令你处在一个快乐的心态。当你习惯地暗示自己很幸福，你的神经系统便会习惯地让你拥有幸福的感觉。所以，我们要对自己进行积极的自我暗示，给自己输入积极的语言，比如，“我的生活正在一天天地变得更美好”“我的心情愉快”“真的，我过得幸福极了”等。

因此，在早晚睡前醒后的时间进行自我暗示是再恰当不过了。你可以躺在床上，身体放松，每次花上几分钟，进行以下自我心理暗示——描述自己的天赋和能力，想象你成功的景象，用简短的语言给自己积极有力的暗示。如：

我知道我想要的生活是什么，我一定可以实现它！

我是一个坚定的人，没有什么能动摇我的决心。

失败只是暂时的，过去的失败意味着将来我会获得更大的成功！

恐慌是顾虑造成的，我只要抛开杂念，专注于我的目标，就不会再恐慌。

我越相信自己，我的能量就越大。

我完全可以干得比别人更好。

我只要专心致志，就能做好每一件事。

我把每一天都过得很幸福，我要继续幸福下去，真好！

美国心理学家威廉斯说："无论什么见解、计划、目的，只要以强烈的信念和期待进行多次反复的思考，那它必然会置于潜意识中，成为积极行动的源泉。"心态也是如此，只要我们相信积极心态是有神奇力量的，是能够帮助我们获取幸福生活的，我们就一定可以依附着这种坚定的信念，找到我们想要的幸福生活。

内心充满热量，才能释放热量

爱是人生存的根本，也是人的本能。无论是施爱还是被爱的人，他们都是幸福而快乐的，他们的情操也会是坦诚而又高尚的。

一个人内心的热量，便是经由爱产生的。一个内心充满爱的人，会懂得去播撒爱，因为他知道，只有播下种子，才会得到果实。爱是相互的，这个世界正因为有了爱，才会变得温暖美好。

一个在边远山村支教的女教师接受记者采访，当记者问到让她在贫穷的山村坚持下去的动力是什么时，女教师平静地回答道："是我的父亲。"她觉得，正是因为受到父亲身体力行的影响，她才会义无反顾地走上支教这条路。最后，这位女教师饱含深情地讲述了他父亲的故事。

我出生在一个山村，父亲在家乡是一名颇有威望的乡村医生，虽谈不上妙手回春，可在那穷乡僻壤的地方来说，算是很不错的了。在我很小的时候，母亲就去世了，所以，我经常会跟着父亲穿街走巷地看望患病的乡邻。

那时候，我很崇拜我的父亲，我崇拜的不是父亲精湛的医术，而是他高尚的医德。父亲每每看病，无论对方贫与富、尊与卑，他都会一视同仁，尤其是对那些穷苦人家，父亲每次看完病，绝不提钱的事，而是等对方主动送上门来，有时一等就是好几年，父亲也从没讨要过。如果遇到孤寡老人生病，父亲通常都是免费给他们治疗，而且他还会感觉这是一件很快乐的事情。

我起初并不很理解父亲的做法，感觉他真的很傻，因为我们的家庭本来就不富裕。但慢慢地，我理解了父亲，其实父亲在帮助乡里乡亲的同时，也收获了用金钱无法衡量的东西：尊敬与爱戴。每到逢年过节，我们家会来好多的客人；田里的活儿会有乡邻帮着做；我童年可以吃“百家饭”……我知道，这一切都是因为父亲的缘故。

现在，我的父亲已经不在了，但我能时常感觉到父亲在看着我，看着我做的一切，我相信，我现在的选择是令他骄傲的。

女教师讲的这个故事，令许多人为之动容。

爱，可以让一个人的内心无比富足。

《××晚报》曾登过一则关于“大学生洪战辉带着捡来的妹妹求学年”的感人报道，这则报道一经刊出，立即引来社会各界的关注。

洪战辉不是富有的人，相反，他的家境贫寒，他要自己挣学费，还要孝敬父母，还要刻苦读书。他贫穷到没有多余的能力来帮助别人，但是他 12 年如一日地照顾年幼的妹妹，而这个妹妹竟是他捡来的。

洪战辉的事迹对大多数人来说是激励，我们不禁要问：是什么让洪战辉变得这样强大，强大到足以为他人撑起一片天空？答案就是他内心有爱，他内心充满了热量。一个人只有内心充满热量，他才能够释放热量。可我们有太多的人却止步在“心有余而力不足”的消极心态中。

今天，在一片追求明星梦、财富梦的声浪中，每个人都希望自己活得出色快乐。可快乐从哪里来呢？首先我们要保持一种快乐的心态，其次才是快乐地生活。

现代社会提倡和谐，我们讲和谐，不仅要力求人与人和谐、人与社会和谐、人与自然和谐，还要注重人的内心和谐。人的内心和谐是和谐社会的一个高的境界。热量来源于光，要想让我们的内心充满热量，我们就要有和谐的内心和阳光的心态，也就是营造知足、感恩、达观的心理，树立喜悦、乐观、向上的人生态度，通过个人内心和谐来促进家庭和谐、生活和谐和社会和谐。

现在有一些人常常会有这样的困惑：自己的财富在增加，但是幸福感在减少；拥有的越来越多，但是快乐越来越少；沟通的工具越来越多，但是深入的交流越来越少；认识的人越来越多，但是真诚的朋友越来越少；房子越来越大，里面的人越来越少；精美的房子越来越多，完整的家庭越来越少；路越来越宽，心越来越窄……对此，我们不禁要问：究竟哪里出了问题呢？心态出了问题。有了好心情，才能欣赏好风光；有了好心态才能建立积极的价值观，获得健康的人生，释放强劲的影响力。

你的内心如果是一团火，就能释放出光和热；你的内心如果是一块冰，就是融化了也还是零度。要想温暖别人，你内心要有热；要想照亮别人，请先照亮自己；要想照亮自己，首先要照亮自己的内心。送人温暖，在让他人的心暖起来的同时，自己内心也会更加温暖。

一个被温暖充盈着的人，内心也会变得充实。这种充实，往往伴随着一种人生价值和意义的追问，一种精神境界的自觉提升，最终变为一种快乐、幸福的感觉。因而，内心温暖的人，不会排斥物质财富的追求，收入多一点儿，日子过得好一点儿，皆是人之常情。但追求并不会到此止步，而是致力于为心灵搭建一座温暖的“大房子”，获得精神上的富足。有的人“穷得只剩下钱”，就在于只追求了身外的“大房子”，心灵却无处归依。“善人通过行善获得幸福”，正在于许多人通过奉献爱心感觉到，为他人送去温暖，自己会更幸福，内心更富足。

第二节　情绪左右成败

认识情绪的巨大作用

生活中我们要与各种各样的人打交道，也要用不同的情绪力量做出不同的行为来“对付”不同的人。与其说经常和我们打交道的是人，不如说是我们自己的情绪。

现实生活中，总有一些人明明知道自己犯了错误却不愿承认。这时，如果你情绪失控，对对方进行不留情面的指责，只会令对方的态度更为强硬。相反，如果你能稳住情绪，在时机成熟的条件下，有意为对方找个借口、搭个台阶，使其按要求行事，就不至于太尴尬。

所以，我们有必要对情绪的作用做更进一步的了解，认识情绪的作用，对我们的整个人生都有很大的影响。

很多人都知道情绪，但是对人类情绪的变化原因却不甚了解。情绪变化指的是辨别自己和他人的各种情绪，并有意表达这些情绪的能力。通过表达你所有的情绪变化，你能够获得有关自己和外在世界的各种有价值的信息。

同情和移情要求你认同他人的情绪。如果你对某些特定的情绪感到不适，就往往会在内心回避或否认它们。如此一来，你就无法获得有关导致这些情绪的特定事件、情形或人的重要信息。此外，你就会不认同或刻意回避那些会引起你内心不适的他人的情绪。

如果你无法“看到”某些情绪，就很难做到富有同情心或者会缺少移情能力。

情绪也是有强度的。情绪强度指的是“调高”或“调低”某种情绪的能力，以及你在特定场合的情绪匹配程度。想想在播放某首歌曲时调节音量的重要性吧。正如伟大的作曲家使用声音强度来传达不同的音乐意义一样，你的情绪强度有助于他人了解你的内心世界。

也许你曾经与这样的人共过事，就是他突然“打开”或“关闭”情绪，或在没有任何征兆的情况下就从轻度恼怒转变成极度愤怒。如此快速的情绪转变令周围的人感到十分不安。缺乏情绪强度调节能力的领导者可能令人难以预测，因此也难以获得他人的信任。

如果你的声音总是很低，但某个人调节情绪强度的能力很强，你可能会将对方的适度情绪表达误解为极端的表达。这就会造成信息传递失准。你在准确理解其他人的情绪表达方面的敏感度，以及你在某种场合的情绪强度匹配度时，表明了你的情绪稳定度，并使你在下属面前获得自信。

你之所以会受到情绪强度的限制，可能是因为你没有在特定的场合“登记”你的内心情绪状态，或羞于表达自己的情绪。我们有时候恰当地表达了自己的情绪，而在其他场合却不适当地限制或延迟了自己的情绪表达。记录你在特定场合所具有的情绪反应，注意自己阻止情绪表达和在没有任何征兆时就爆发出某种情绪的时间和场合。

当你认识到他人或自己的某种情绪状态时，有意识地选择自己的行动反应。通过实践来培养监测自己的情绪状态，并在每种场合表达匹配情绪的能力。从值得信赖的人那里获得他们对你的情绪强度的反馈。

除了了解情绪强度之外，我们还需要认识情绪的流动性。

情绪流动性指的是在特定场合下不受阻碍地、以适当的速度切换情绪状态的能力。仍以钢琴演奏为例。流畅的演奏者能够自如地根据乐谱，以较快或悠闲的速度演奏。这类演奏者不会受困于特定的音符或段落。

在某种情绪场合，具有情绪流动性的人能够超越特定时刻的情绪。相反，缺乏情绪流动性的人往往会受困于某种情绪，或者无法快速地对特定的场合做出适当的情绪反应。这种情形更容易出现在负面或未确定的情绪状态。特定的情绪状态可能令人亲近且感到舒心。

培养情绪流动性具有多种含义。如果你拓展了自己的决策空间，就能游刃有余地处理特定的形势，甚至改变形势的发展。缺乏流动性容易削弱体验周围环境中其他事物的能力。例如，如果领导者受到某个失败项目的困扰，就有可能无法产生激励下属寻找新机会所需要的激情。如果领导者受困于某种情绪，即使这种情绪是正面的，比如希望或乐观主义，其他人也有可能感到沮丧。如果某种场合需要领导者做出抑郁的情绪反应，过于正面的情绪反应就会显得极不协调。

情绪融合力指的是理解情绪与思想、身体状态以及创造性表达之间的关系的能力。演奏一段乐曲需要将所涉及的乐器加以结合，如果缺少一段弦乐或铜管乐，听众就无法完全理解该乐曲的艺术价值。同样，领导者如果没有抓住机会看清自己的情绪如何影响到自己的思想、触感和创造力，则无法充分发挥自己的才能。

实际上，当脑外伤伤害到一个人的情绪中心时，他甚至连做出最简单的决策的能力都没有。

同样，你对特定情形的思考会影响到你的情绪状态。你能够根据思想来制造情绪。只要想想你一天中经历的情绪变化，你关注的情绪就有可能出现。

你的语言也反映了“情绪与身体触觉密切联系”这一观点，如“我内心相当紧张”“她让人头疼”“我感到压力越来越重”“我觉得非常轻松”。这些常见的表达将焦虑、挫折、恐惧、无忧无虑与身体触觉联系起来。许多人在通过身体触觉体验到情绪之后，才在智力层面意识到这些情绪。同样，你的情绪状态影响到你的身体状态，也影响到你遭遇身体外伤和疾病时的康复能力。

当然，如果我们深入地去观察自己包括他人的情绪时，我们就会发现，情绪的作用远远还不止这些，情绪是很微妙的情感体现，而它所发挥的作用也是可大可小、无法计算的，如何将这些有利作用最大化地为自己所用，也是我们需要学习的人生课题。

无论是好是坏，情绪都有传染性

假如在一天的开始，寝室里某一个成员情绪很好或者情绪很坏，其他成员就会受到感染，产生相应的情绪反应，于是就形成了愉快、轻松或者沉闷、压抑的寝室氛围。

情绪好坏对一个人的影响是很大的。因为每一种情绪都很强大，很容易传染他人或者自己。笑脸对人，回收的是笑脸；恶语对人，回收的是恶语；认真地对待生活，生活也会给你以真诚的回报。

有一只流浪狗，无意间闯进一间四壁都镶着玻璃镜的屋子。

突然看到很多的狗同时出现，它大吃一惊，这只狗便龇牙咧嘴，发出阵阵低沉的吼声。

而镜子里所有的狗看起来也十分生气，每只狗的脸上也出现怒吼的面孔。这只狗一看，简直吓坏了，不知所措，开始绕着屋子跑起来，一直跑到体力透支，倒地死亡。

其实，真正危害到这只狗的是它自己的情绪，要是这只狗肯对镜子摇几下尾巴，情形就会完全改观，镜子里的狗必然会回报它以同样友善的举动。

我们对待生活也是一样，镜子就如同他人一样，我们呈现出怎样的情绪，就会被怎样的情绪击中。如果我们是喜悦的，相同的，我们传染给他人的也是喜悦，大家一起心情舒畅；如果我们是悲伤的，我们传染给他人的也是悲伤，当悲伤聚集到一起的时候，我们的内心会因为承受不住巨大的压抑而濒临崩溃的边缘。

试着对你所处的恶劣环境积极主动地表达心中的善意，情形必会有所改善。

在与他人交往中，我们常常会将一些不良情绪带给对方，使对方不是时不时地抱怨就是坐立不安。这时候我们与他人的交往就变得十分困难。

许多人都知道一些交际的心理知识和一些交际技巧，每当他们自信地和人打交道时，结果却因为自己不能保持良好的情绪，让人际交往的结果大打折扣。

原因很简单，他们注意到了很多技巧性的东西，却忽略了自己的情绪，这些或紧张或烦躁，或失落的情绪直接反映到一些细节上，例如，双眼黯然无神，不时地看手表，表情僵硬等。这些小细节都会给对方无聊、紧张、冷漠的心理暗示，在这种暗示的影响下，他们的情绪就会不自觉地被牵引，变得十分糟糕，进而对交往产生障碍。

当然，事物都有两面性，糟糕的情绪表现会破坏你和他人的交往，乐观积极的情绪又会感染对方。正确利用情绪效应，让它为你所用，就能帮你给别人留下很好的印象。

掌握自我情绪，对你的社交会有很大帮助。现代心理学研究发现，人的情绪有两个关键时刻，一是早上起床时，一是晚上就寝前。

如果能把握好这两个情绪的关键时刻，在这两个时刻保持良好的心情，稳定自身情绪，就很容易获得一整天的好心情。

情绪影响你的行为

情绪是动机的前提，如果没有情绪就不可能产生动机。试想一下，如果你对某件事情根本没有注意，没有喜欢、讨厌、高兴、失望等情绪的产生，你就不会产生动机，更不会产生带有动机的行为了。

“有的时候，我很清楚自己在做的事只能让我变得更加痛苦。比如我会被窗外的某些噪音分散心神，但不知为何，那反而给了我更多时间去体会那一刻的恶劣心情，我很惊讶自己居然会变成这样。

“有一天，我躺在床上心情恶劣地翻动身体，晃动的一刹那让我想起了几分钟之前在被窝里的感觉——那种舒适和温暖，可以裹着柔软的被子、枕着舒服的枕头安睡的感觉。我意识到在那一刻，这个世界是美好的，但是这种感觉怎么会消失了呢？于是，我反复对自己说：想这些事情完全没有用处。但是我立刻又对自己说：那么，为什么我总是想着这些事呢？然后我又开始了新一轮的思考，自己究竟出了什么问题。”

这是安琪在描述自己的抑郁情绪时说的话。她明白自己对于悲伤事件的反应正是令她更痛苦的原因。她努力地想要改善状况——拼命地思索自己的思想出了什么问题——这样只会加剧她的悲伤情绪。

悲伤是人类自然的心理状态，是人与生俱来的一部分。摆脱它，不现实也没有必要。问题的真正根源，不在于悲伤本身，而在于悲伤出现之后所发生的事，在于之后我们对它的反应。

情绪是行动的信号，当情绪对我们说某件事情不太对劲的时候，我们心里肯定会感到很不舒服。情绪的作用本来就应当如此。它是让我们采取行动的信号，督促我们做些什么来纠正情境的偏差。

如果这种信号没有让你感到不舒服，不能促使你采取行动的话，你还会在一辆快速驶来的卡车前面跳开吗？你还会在看到孩子被欺负时出手相助吗？你还会在看到厌恶的事物时掉头走开吗？只有当大脑的记录表明危机已经解除的时候，这种信号才会消退。

当情绪的信号表明问题就“在那里”——可能是一头怒气冲冲的斗牛或者大举压境的龙卷风云——我们会立刻采取行动避免或者逃离这个场景。

大脑会调动一套自动化反应的程序来帮助我们处理危机，摆脱或者避免危险的侵袭。我们把这种最初的反应模式——也就是内心感到不安，想要逃避或者消除某样事物的反应——叫作厌恶。厌恶会迫使我们采取一些适当的措施来处理危机情境，进而把警报信号关掉。从这个层面上来说，它可以为我们所用，有时甚至可以救我们的性命。

但是，当情绪性反应指向“自我”——包括我们的想法、情绪以及自我意识的层面时，同样的反应就可能造成完全相反的结果，甚至危及我们的生命。没有人能够摆脱自身经验的追赶，也没有人能够通过威胁恐吓的方式把那些烦恼、郁闷和威胁性的想法和感受赶跑。

当我们对消极的想法和情绪采取厌恶的反应机制时，负责生理躲避、屈从或者防御性攻击的大脑环路（大脑的“逃避”系统）便被激活了。而这个环路一旦开启，身体就会像准备逃跑或者战斗时那样紧张起来。当我们的全副精力都用于如何摆脱悲伤或者厌恶情绪时，我们的所有反应都是退缩的。头脑被迫关注着这类摆脱情绪的无效工作，将自己彻底封闭了起来。于是，我们的生活经验也变得越来越窄。不知怎的，就像被挤进了一个小盒子，我们的选择面也变得越来越窄。你会渐渐感到和外界接触的可能性正在不断地被削减掉。

消极情绪是可怕的，它就像眼罩一样，蒙蔽了我们的双眼，让我们看不到正确的方向，从而走上错误的道路。

坏情绪会阻碍你成功

约翰·米尔顿曾经说过这样一句话：一个人如果能够控制自己的激情、欲望和恐惧，那他就胜过国王。

愤怒、憎恨、恐惧、悲哀是最常见的不良情绪。情绪波动的因素很多，可能因为自己目前的状况，可能因为周围的环境，内心的理想在现实中达不到，心理的顺境要求不能在现实工作中得到满足，理想和现实的差距是你脾气不好的根源。当面对别人的无端指责而自己却无能为力时，当工作、生活、学习压力太大无法排解时，当事业恋爱不顺时，当亲人无端受害时，当自己的利益受到严重侵犯时，当受到某种打击和刺激时，当受到伤害无处说时，当和人吵架时，当被人冤枉时，甚至输钱、喝醉酒时，有时可能因为别人的一句不顺耳的话或一句无意的玩笑，我们就会极端生气、伤心、激动，这些都可能引发我们的坏情绪。

情绪变坏不仅仅会影响我们的生活、我们的工作，更严重时如果调节不好，可能爆发更大的脾气。每个人的性格和脾气不同，表现的形式不同，性格比较温和的人会选择沉默或吵几句，脾气比较暴躁的人会发疯地打人、骂人，有些人甚至会丧失理智，呈现出歇斯底里的疯狂状况。一旦情绪失控，就意味着行为失控，一切失控。所以，我们应该尽量避免坏情绪影响我们，生活中有些事情不是我们所能控制的，但我们却可以调节我们的情绪，避免事情向坏的方向发展。

镇上失业了好几个月的年轻人到一个海上油田钻井队求职，他很想得到那个岗位。领班要求他在限定的时间内登上几十米高的钻井架，把一个包装好的漂亮盒子送到最顶层的主管手里。他拿着盒子快步登上高高的狭窄的舷梯，气喘吁吁、满头是汗地上到顶层，把盒子交给主管。主管只在上面签下自己的名字，就让他送回去。他又跑下舷梯，把盒子交给领班，领班也同样在上面签下自己的名字，让他再送给主管。

当他第三次把盒子递给主管的时候，主管看着他，傲慢地说："把盒子打开。"他撕开外面的包装纸，打开盒子，里面是两个玻璃罐，一罐咖啡，一罐开水。他十分生气地抬起头，双眼喷着怒火，射向主管。

主管又对他说："把咖啡冲上。"年轻人再也忍不住了，"啪"地一下把盒子扔在地上："我不干了！"说完他看看摔在地上的盒子，感到心里痛快了许多，刚才的闷气全释放了出来。这时，主管站起身来，直视着他说：“刚才让你做的这些，叫作承受极限训练，因为我们在海上作业，随时会遇到危险，就要求队员身上一定要有极强的承受力。可惜，前面三次你都通过了，只差最后一点点，你没有喝到自己冲的咖啡。现在，你可以走了。”

一位哲人说：“气便是别人吐出而你却接到口里的那种东西，你吞下便会反胃，你不看它时，它便会消散。”生气时如果不小心控制，不仅伤害身心，还可能导致其他后果，比如机会的丧失。约翰·肯尼迪曾这样说：“一个连自己都控制不了的人，我们的民众会放心把我们的国家交给他吗？”

情绪就像人的影子一样每天与我们相随，我们在日常的工作、学习和生活中时时刻刻都体验到它的存在给我们的心理和生理上带来的变化。对于情绪，我们可以有很多具体的词语来描绘，愉快的或不愉快的，高兴的和不高兴的，满意的和不满意的，温和的和强烈的，短暂的和持久的等。人的情绪，是一种巨大的、神奇的能量。它既可以激发人的无穷动力，又可以把人推向万劫不复的深渊。

有人说，生活就是一面镜子，你笑它就笑，你哭它就哭。千万不要让坏情绪影响了你的人生，阻碍了你的成功。

好情绪造就好人生

牛顿说："愉快的生活是由愉快的思想造成的，愉快的思想又是由乐观的个性产生的。"的确，生活是你自己的，选择快乐还是痛苦都由你决定。要想赢得人生，就不能总把目光停留在那些消极的东西上，那只会使你沮丧、自卑、徒增烦恼。

苏珊娜是由一位心态非常积极而且又非常善于解决问题的母亲抚养成人的。母亲给人鼓舞的教育给苏珊娜的成长带来了莫大的帮助。

苏珊娜刚刚 4 岁的时候，父亲就因心脏病去世了。当时，她的母亲只有 27 岁，带着两个孩子，又没有钱。突如其来的厄运给她的打击几乎是致命的，使她一度陷于绝望。但她终于重新振作起来，鼓足勇气活下去。

在苏珊娜的父亲死后的好几年里，她们家非常穷，怎样勉强填饱肚子是母亲最担心的事。可是，她的母亲没有为家境贫穷而烦恼，而是想办法去挣钱，在家里为一个当律师而雇不起全职秘书的邻居做打字工作。苏珊娜也找到一个贴补家用的门路，她 8 岁的时候，就教邻居一些还没上学的孩子识字。那些孩子的父母亲很感激，便供给她食宿费用。

苏珊娜最敬佩的就是母亲那种乐观的情绪。

她记得，如果遇到五个难题，母亲就会说："没遇到六个难题，这不是走运吗？"当时买不起汽车，母亲就说："咱们住得离公共汽车站这么近，难道还不满意吗？"过节的时候没钱给她买新衣服，母亲就用家里的旧衣服拼拼凑凑地做一件，然后就表扬自己的手艺好。她高高兴兴地处理这些问题。苏珊娜在学校上学的时候，有一次没被选上班干部。母亲说："好呀，现在有时间来筹划一次比较成功的竞选运动了，下次选举你一定能够当选。"

多年耳闻目睹母亲这样乐观积极地处理问题，苏珊娜也有了积极的生活态度。凡是遇到困难的时候，她就以学来的乐观情绪去对待、战胜困难。母亲微笑的脸和充满鼓励的话，总是给她力量，给她勇气。每当她情绪消沉、抱怨不满或者在学校里碰到难办的事情时，母亲的精神就会帮她坚持下去，然后得到一个很好的结果。不管是对待工作的问题、人际交往的问题，还是对待她自己的问题，都是这样。

研究发现，乐观或是悲观的生活态度关系到一个人的生活质量和身体健康。研究对象先是在 20 世纪 60 年代做了性格测试。30 年之后，他们又参与了一次后续健康状况评估。研究人员发现，30 年后，研究对象中，乐观主义者不但身心健康状况要好于悲观主义者，而且乐观主义者的平均寿命要比后者长。

人处在逆境中，要学会保持心理平衡，切记不要被坏情绪控制。要认识到，事情已经发生，任何忧愁哀伤都不能改变事实，没有任何实际意义。我们应该学着从多种角度来看待问题，逆境未必就一定是坏事，重要的是自己仍然有希望。

生活中，有许多人在遇到不愉快的事或心情不佳时，常常不做声，不肯把自己的不快乐告诉别人，即便是最亲近的人，这种方式很不好。情绪就像洪水，只有疏导才能真正解决问题，想要压抑或阻止都是糟糕的做法，其结果往往是于他人无益，于自己有害。主动向亲近的人倾诉自己的心里话，常是宣泄情绪的好办法，情绪好转了，许多事也就解决了。

消极情绪就像污染源，它会把你的人生弄得乌烟瘴气，既然我们认识到了消极情绪的危害，就应当有意识地避开消极情绪，当它出现时，可以多想一些高兴的事，自觉地用乐观情绪来代替悲观情绪。乐观情绪调动起来就会使大脑皮层处于兴奋状态，可以逐渐淡化消极情绪。

乐观是无形的，但它是有力量的，而且乐观的力量又是超乎想象的。乐观的人就是这样变通地看待生活和问题的，他们总能在困难和不幸中发现美好的事物。他们相信自己，相信自己能主宰一切，正如哈佛教授亨利·霍夫曼所说：“你是否快乐或痛苦，不完全取决于你得到了什么，更多地在于你用心去感受到了什么。”

第二章

战胜人性弱点，跨越心态藩篱

第一节　超越自卑：你是最好的自己

不要成为自卑的俘虏

从性格方面讲，具有自卑心理的人性格懦弱、内向，意志比较薄弱。这种人对于别人的误解与无端责难总是习惯妥协、沉默忍受。自卑者在交往活动中缺乏自信，失败的体验多。自卑是影响交往的严重心理障碍，它直接阻碍了一个人走向群体，去与其他人交往。要战胜自卑心态，不要做自卑的俘虏，其实，战胜自卑的过程，其实也是磨炼心态、战胜自我的过程。

一位大学生毕业被分配到一个偏远的小镇任教，和他一同毕业的同学大多数都留在了大城市。他们有的在事业单位，有的在大企业，有的投身商海，他觉得哪个都比自己有出息，现实在他眼里好似从天堂掉进了地狱。

他越是觉得不公平，心态就越不平和，内心的自卑感也油然而生。从此，他不愿与同学或朋友见面，不参加公开的社交活动，为了改变自己的现实处境，他寄希望于报考研究生，并将此看作唯一的出路。

强烈的自卑与自尊交织的心理让他无法平静，每次拿起书本，常因极度的厌倦而毫无成效。他感觉一翻开书就头疼，一个英语单词记不住两分钟；读完一篇文章，头脑仍是一片空白。最后连一些学过的常识也记不住了。他开始憎恶自己，憎恶让他无法安心读书的环境。

几次失败以后他停止努力，荒废了学业，当年的同学再遇到他，他已因过度酗酒而让人认不出来了。他彻底崩溃了，面对内心的自卑，他已经无力反击，大好的青春也就这样白白葬送了。

故事中的青年就是因为陷入自卑的泥潭之中不能自拔，才造成了自己可悲的人生。我们怎样做，才能战胜自卑，成为自己人生的主宰者呢？我们可以从以下三个方面做起。

第一，正确评价自我。

充分认识自己的能力、素质和心理特点，要有实事求是的态度，不夸大自己的缺点，也不抹杀自己的长处，这样才能确立恰当的追求目标。特别要注意对缺陷的弥补和优点的发扬，将自卑的压力变为发挥优势的动力，从自卑中超越。

第二，提高自信勇气。

要相信自己的能力，学会在各种活动中自我提示：我并非弱者，我并不比别人差，别人能做到的我经过努力也能做到。认准了的事就要坚持干下去，争取成功；不断的成功又能使你看到自己的力量，变自卑为自信。

第三，积极与人交往。

不要总认为别人看不起你而离群索居。你自己瞧得起自己，别人也不会轻易小看你。能不能从良好的人际关系中得到激励，关键还在自己。要有意识地在与周围人的交往中学习别人的长处，发挥自己的优点，多从群体活动中培养自己的能力，这样可预防因孤陋寡闻而产生的畏缩躲闪的自卑感。

自卑实际上是一种徒然的自我折磨，因为它既不会给你以激励，也不会给你以力量，反而只会摧老你的身心，盗走你的骨气，并最终毁了你的事业前景。

自卑是人生最危险的杀手，它可以轻而易举地毁掉一个颇具才华的人。一个怀有自卑情结的人，往往会坐失良机。当好机会出现在眼前时，不敢伸手去抓，不敢奋力一拼，就会让机会从身边溜走。

自卑是人自尊、自爱、自励、自信、自强的对立面，自卑是人冲出逆境的绊脚石，自卑是自己为自己设置的障碍，只有跨越这道门槛，自卑者才能集中精力和斗志去从事自己的事业，开始一种新的生活。强者不是天生的，他也有软弱的时候，强者之所以成为强者，是因为强者善于战胜自己的软弱。伟人之所以伟大，在于他们始终保持着一种积极乐观的心态，比普通人更自信。

因此，做人应有自知之明。客观准确地评价自己是我们应该具备的一种人生智慧。但有些人却做不到这一点，过分的自卑让他们失去了正确评估自己的能力。其实，任何人身上都有别人无法具备的优点，将这些优点充分利用，你就完全可以成就自己。

学会放大自己的优点

你不是不能成功，你是没有看到自己所具有的走向成功的优点。

很多时候，放大自己的优点就是我们战胜困难的最好方法。许多成功都源于找到了自身的优点，并努力地将其放大，成为自己明显的优势。

当然，放大自己的优点应在合理地认识自己、自我评价正确的基础上，否则，那就是一种自我欺骗与自我夸大。

19世纪时的法国，有一个穷困潦倒的青年，从乡下流浪到巴黎。他找到父亲的一位朋友，希望他能够帮自己找到一份工作，使自己能在这个大城市中站稳脚跟。

青年和父亲的朋友见了面。寒暄之后，父亲的朋友问他："年轻人，你有什么特长呢？你精通数学吗？"

青年听了羞涩地摇摇头。

"历史、地理怎么样？"青年还是不好意思地摇摇头。

"那么法律或别的学科呢？"青年再一次窘迫地低下头。

"会计怎么样……

面对父亲朋友提出的种种问题，青年都只能以摇头作答。青年的头越来越低，他似乎在无声地告诉对方：自己一无所长，一无是处，连一点儿优点也找不出来。

父亲的朋友并没有因为这些而对这位青年失去耐心，他对青年说："那你先把自己的地址写下来吧，你是我老朋友的孩子，我总得帮你找一份差事做啊。"

青年的脸涨得通红，羞愧地写下了自己的住址，就急忙想转身逃开，离开这个令自己深感耻辱的地方。可是在他刚要走的时候，父亲的朋友叫住了他，和蔼地说道："年轻人，你的字写得很漂亮呢，这就是你的优点啊，你不应该只满足找一份糊口的工作，你完全有能力获得更好的生活。"

字写得好也算一个优点？青年疑惑地看着父亲的朋友，但他很快就在父亲朋友的眼神中看到了肯定的答案。

告别父亲的朋友之后，满怀着喜悦的青年走在路上浮想联翩：我能把字写得让人称赞，那我的字就是写得很漂亮了；能把字写得漂亮，我是不是也能把文章写得好看、引人入胜呢？受到初步肯定和鼓励的青年，开始把自己的优点一点一点地放大。他一边走一边想，兴奋得连脚步都变得轻松起来。

从此以后，这个青年开始发愤自学。数年后，这个原来沮丧失望的青年果然获得了成功。他写出了享誉世界的经典之作，成了一名非常杰出的作家——他就是家喻户晓的法国著名作家大仲马。他的小说《三个火枪手》和《基督山伯爵》流传至今，成为世界文学史上的经典之作。

缺乏自信的人，常常对自己的优点视而不见。事实上，我们每个人都不会一无是处。

人人都潜藏着独特的天赋，这种天赋就像金矿一样埋藏在看似平淡无奇的生命中。

对于那些总是羡慕别人，认为自己一无是处的人，是挖掘不到自身的金矿的。

如果当年的大仲马只把一句赞美的话当作一个好心的安慰，

他就不会对自己的人生有更深的思考；如果他不是一点一点地放大自己的优点，给自己一份信念的话，他也不会获得巨大的成功。

在人生的坐标系中，一个人如果站错了位置——用他自己的短处而不是长处来谋生的话，那是非常可怕的，他可能会在自卑和失意中沉沦。一个人只有紧紧抓住自己的优点，并且加以利用，才有可能成功。

生活就是这样的，无论是有意还是无意，我们都要对自己有信心。不要总是拿自己的短处去对比人家的长处，却忽视了自己也有人所不及的地方。自卑是心灵的腐蚀剂，自信却是心灵的发电机，所以我们要学着找到自己的优点并且将自己的优点最大化，使它发挥最大的作用。要记住无论身处何种境地，都不要让自卑的冰雪侵占心灵，而应燃烧自信的火炬，始终相信自己是最优秀的，这样才能调动生命的潜能，去创造美好的生活。

成功，源于你接纳自己

自卑，会让我们的眼睛看不到真正的自己，一个自卑的人，对自身总是充满了怀疑，认为自己一无是处，将来也不会有幸福的人生，他们很容易就给自己贴上了失败的标签，并且甘愿碌碌无为地生活。

其实，世界上没有任何人是一无是处的，就像世界上没有十全十美的人一样。关键是看我们自己选择如何自处。

1957年，泰国一家寺院迁址，其中一部分僧人负责搬运寺院里一尊巨大的黏土佛像。在搬运过程中，一名僧人注意到，佛像表面的黏土上出现了一丝裂缝。为了避免佛像受损，僧人们决定暂时中止佛像的搬运工作。

当天夜里，一名僧人打着手电筒来检查佛像的时候，忽然发现裂缝处在手电光下发出了奇异的反光。这让僧人非常好奇，于是他找来了锤子和凿子，开始凿宽佛像上的裂缝。黏土一块块落下，佛像逐渐现出了黄澄澄的颜色。最后，当辛苦了几个小时的僧人抬起头来，惊奇地发现灰扑扑的土佛已经变成了一尊华贵的金佛。

许多历史学家相信，这尊金佛是在几百年前被当时的泰国僧人们用黏土覆盖起来的，因为当时缅甸的军队正在入侵泰国，他们要保护佛像不被敌军掠走。由于参与保护佛像的所有僧人都死于战火，所以直到1957年寺院搬迁的时候，佛像的秘密才重新被人发现。

如果不是佛像上的那条裂缝，也许永远不会有人发现这尊古老的佛像竟然是金子铸成的。其实，我们的内心世界，就像那尊被黏土覆盖起来的金佛一样，以为自己满是尘埃的外表很不堪，便害怕面对外面的世界，固守在自己的一方小天地里，自卑叹息，渐渐地就会忽略自己原本会发光发热的优点，总觉得自己不会被他人接受，却不曾想到最不能接受自己的人竟然就是自己。如果你真的想成功，就要鼓起勇气，敢于敲掉表面的黏土，只有这样，你才能重新焕发出金子的光芒。

正如心理学家所认为的那样，积极的心态是一种力量。心态的力量是很容易培养的，所需的唯一要求是要相信自己，肯定自己。

自卑的人，总哀叹事事不如意，老拿自己的弱点比别人的长处，越比越气馁，甚至把自己比到无立足之地。有的人在旁人面前就脸红耳赤，说不出话；有的人遇上重要的会面就口吃结巴；有的人认为大家都欺负自己，因而厌恶他人。因此，若对自卑感处置不妥，无法解脱，将会使人消沉，甚至走上邪路，坠入黑暗的深渊，最终走上自毁的道路。

事实上，每一个事物，每一个人都有自身的优势，都有其存在的价值，关键是看我们怎样去看。自卑的人总是意识不到自己的自卑，如果一个人承认自己的自卑，并敢于接纳这样的自己，也不失为一种成功。

一个人被公认为是全班最胆小、最怯懦者。大学毕业时大家挥手告别，许多人预言十年后的相聚他将是最失败的人之一。十年后的相聚如期举行。当年许多意气风发、指点江山的同学如今被生活改变成了一言不发的旁观者，许多才华横溢、认为一出校门即可拥有一切的同学因苦苦挣扎却终无意料之中的成功而垂头丧气，只有他——那个被公认为将是最失败者——还是和当年一样平凡得如一粒尘土，不出众，不显眼，也不高谈阔论。

聚会到了高潮，每人依次上台讲述自己的现状和理想，还有对目前生活的满意程度。大多数人现状不如当年跨出校门时的理想，对目前生活满意者几乎没有。

他上台了："我目前拥有数家公司，总资产上亿元，远远超过当年走出校门时的理想。如果说还有什么遗憾的话，就是我认为离那些我所欣赏的成功者还很遥远。是的，无论是在学校还是走向社会，我一直很自卑，感觉每一个人都有特长，都比我强。所以我要努力学习每一个人的特长，并且丢掉自己的缺点。但我发现无论我如何努力都无法赶上所有的人，所以我就一直自卑下去。因为自卑，我把远大理想放在心底，努力做好手头的每一件小事；因为自卑，我将所有的伟大目标转化成向别人学习的一点点的进步。每进步一点，战胜一个自卑的理由，同时又会发现另一个自卑的理由。这样，永远让自己处在自卑之中，我就会获得源源不断的前进动力。”

一个能意识到自己有自卑感的人，要比自己感觉不出来的人好很多，这意味着他已经走上了克服自卑的道路。其实，要想克服自卑心理，就要学会与自信为友，因为自信是消除自卑心理最根本的动力。

当知道自己在某方面有缺陷、不如人的时候，热爱生活、想成为生活强者的人，会懂得“以勤补拙”“笨鸟先飞”的道理。而要做到这一点，自信心很重要。因为只有自己相信自己、乐观向上、对前途充满信心并积极进取，才是消除自卑、促进成功的最有效方法。面对失败，更不能贬低自己，可以告诉自己：别人未必会做得比我好。要明白，人并不惧怕失败，怕的是没有面对失败的勇气。

从现在开始，重新审视自身的价值，如果你能正确地评价自己、接纳自己，成功就不会离你而去。

相信自己是独一无二的

歌德有句名言：只要你足够自信，别人也就会相信你。

一个人的信心与能力通常是齐头并进的。每一个追求卓越的人都必须全力以赴面对人生的难题，只有这样，他才能成为一个真正卓越的人。当然，前提是这个人必须有足够的自信，相信自己是独特的，相信自己一定可以成为一个成功的人。

一名士兵奉命将一封信送往自己景仰的统帅——拿破仑的手中，这名士兵接到这个任务之后，十分兴奋。由于过于兴奋，再加上他想早些见到自己敬仰的统帅，他就拼命地策马前行，结果导致胯下的坐骑一到目的地就累死了。拿破仑读了信后，当即就做出了回复，并命人牵过自己的战马，吩咐那名士兵立刻骑马回营。

“不，尊敬的将军，”那名士兵看到统帅那匹心爱的骏马，连退数步，之后恳切地说，“我只是一个普通的士兵，没有资格骑这匹高贵的马。”

“你要做的就是服从命令！”拿破仑不假思索地答道，“世上没有一样东西是法兰西战士不配享有的！”

士兵听了拿破仑的话，一下子想明白了，他昂起头来，骄傲地向拿破仑行完军礼，立即上马，绝尘而去。

这世界上，没有哪个人一出生就注定了是高贵或者卑微的。只不过有些人把自己想得太卑微。他们常用的借口是“唉，我能力太差”“我不配……”等等。这使得他们根本无法实现自己的目标。就像拿破仑眼中的士兵一样，他们每个人都有自己独特的价值，有什么理由好自卑呢？

兰兰觉得自己长得不够漂亮，很自卑，走路都是低着头的。有一天，她到饰物店去买了个蓝色蝴蝶结，店主不断地赞美她戴上蝴蝶结很漂亮。兰兰虽不信，但是挺高兴，不由得昂起了头，急于让大家看看，连出门与人撞了一下都没在意。

兰兰走进教室，迎面碰上了她的老师。“兰兰，你抬起头来真美！”老师爱抚地拍拍她的肩说。

那一天，兰兰得到了许多人的赞美。她把这一切的赞美都归功于蝴蝶结，可就在她往镜前一站的时候，才发现头上根本就没有蝴蝶结。兰兰想了好久，认为一定是出饰物店时和人撞了一下给碰丢了。但是，兰兰并不觉得丢了蝴蝶结是一件难过的事，因为她知道，以后她再也不需要蝴蝶结了。因为她相信，这个世界上的每一个人都是独一无二的，她自己也不例外。

兰兰之所以不需要蝴蝶结，是因为她发现美丽源自克服羞怯后的那份自信与从容。只要抬起自信的头，即使没有蝴蝶结又有什么关系呢？因为，美丽已经在你的眉间、眼底悄然呈现了。

我们每个人都应该学着做自己，没有必要生活在他人的评论中，更无须将宝贵的青春挥洒给他人看。不会欣赏我们的人我们可以不理会，但是假若连你自己都不懂得欣赏自己，那就十分悲哀了。一个人要想获得他人的肯定，首先就要对自己充满信心，你只有拥有足够的自信，别人才会为你添一抹尊敬的色彩。这个世界上，每个人都是独一无二、不可复制的，不要怀疑自己，因为真实的自己是最美丽的。

从现在起，发现自己，认识自己，相信自己，主宰自己的命运从发现自己开始。任何希望改变自己，跟随他人脚步的人都是愚蠢的，坚持走自己的路才能走出一段光辉的旅程。

微笑面对生活的不完美

我们生活在这个世界上，每天都会遇到很多不同的事情，在面对这些事情的时候，我们应该像苏格拉底那样能看到它好的一面，因为人生毕竟有限，何必总是注意事物不好的一面，使自己闷闷不乐呢?

人生有许多面，有积极也有消极，有活力也有颓废，你怎么搭配组合，你的生活面貌便会怎么呈现。如果你希望你的人生是彩色的，那就别再过着灰暗的生活。

从不同的角度看人生，这是一种智者的态度，一种对生活充满希望的智慧。如此，你便会发现生命如此美好。

一个圆环被切掉了一块，圆环想使自己重新完整起来，于是就到处去寻找丢失的那块。可是由于它不完整，因此滚得很慢。它就这样慢悠悠地滚在山间的小路上，它悠闲地欣赏路边的花儿，开心地和虫儿聊天，惬意地享受着温暖的阳光。在这一路上，圆环发现了许多不同的小块儿，可没有一块适合它。于是它继续寻找着。

终于有一天，圆环找到了丢失的那一块，它高兴极了，欣喜地将那块装上，然后又滚了起来，它终于成为完美的圆环了。完美的圆环比以前滚得快多了，以致它无暇注意美丽的花儿，不能和虫儿聊天，更不能惬意地晒太阳了。当圆环发现飞快地滚动使得它的世界再也不像以前那样时，它停住了，它觉得这样的自己很不快乐。于是，圆环把找回的那一小块又放回到路边，缓慢地向前滚去。

这个故事告诉我们，生命有时候是很奇妙的，也许正是失去，才令我们完整，也许正是缺陷，才体现我们的真实。

世界上，没有任何人是十全十美的，再优秀的人也有缺点，再愚笨的人也有优点。我们要学着对自身多做正面评价，不要用放大镜去看自己的缺点。对自己是这样，对他人也应如此，要避免用完美主义的眼光去观察每一个人，要以宽容之心包容其缺点。少一些责难，多一些宽容。

在我们身边，有很多人在为自己的缺陷和不足自怨自艾，从而丧失了自信，变得自卑。其实，只要我们勇于把写着“缺陷、不足”的这块堵在心口上的石头放下来，不要过分地去关注它，它就不会成为我们前进的障碍。

正是因为有了缺憾，才使我们整个生命有了前进的动力，如果你肯珍惜缺憾，说不定它就会成为下一个完美。

人生就是充满缺陷的旅程。从哲学的意义上讲，人类永远不满足自己的思维、自己的生存环境、自己的生活水准。这就决定了人类会不断创造、追求，从简单的发明到高科技产品，从简单的词汇到庞大的思想体系。没有缺陷，产品便不会一代代更新。

没有缺陷就意味着圆满，绝对的圆满是不存在的。

一些社会学家曾对许多身体有缺陷的成大事者进行分析，最后得出结论：这些人成功的原因大部分是因为某种缺陷激发了他们的潜能。威廉·詹姆士曾说：“我们最大的弱点，也许会给我们提供一种出乎意料的助力。”

弥尔顿如果不是失去视力，可能写不出精彩的诗篇；贝多芬则可能是因为失去听觉才得以完成更动人的音乐作品；而海伦·凯勒的创作事业也与她失明失聪不无关系……

达尔文曾经说过：“如果我不是这么无能，我就不可能完成所有这些工作。”很显然，他坦然接受了自己的缺点。

生活也是如此，每个人都不可能完美无缺，面对这不完美世界中的不完美人生，只有从内心接受自己，喜欢自己，欣赏自己，坦然地展示真实的自己，才能拥有成功的快乐。因为，当我们为梦想和希望而付出努力时，我们就已经拥有了一个完整的自我。而这，就是残缺所赋予我们的价值。勇敢地向生活的不完美微笑吧，你会发现，在一次不经意的抬头时，它已经绽放出了完美的花朵。

克服自卑心态的方法

自卑心态会抹杀掉一个人的自信心，本来有足够的能力去完成学业或工作任务，却因怀疑自己而失败，显得处处不行，处处不如别人。由于自卑心态影响到了我们的生活和工作，所以给我们的心理、生活带来的危害也很大。

怎样克服自卑心态，让我们的生活更加轻松、更加明朗呢？我们接下来就谈一谈克服自卑的方式方法，希望这些方法能够为我们带来一些益处。

第一步：突出自己，挑前面的位子坐。

坐在前面能建立信心。因为敢为人先，敢上人前，敢于将自己置于众目睽睽之下，就必须有足够的勇气和胆量。久之，这种行为就成了习惯，自卑也就在潜移默化中变为自信。另外坐在显眼的位置，就会放大自己在领导及老师视野中的比例，增强反复出现的频率，起到强化自己的作用。把这当作一个规则试试看，从现在开始就尽量往前坐。虽然坐前面会比较显眼，但要记住，有关成功的一切都是显眼的。

第二步：睁大眼睛，正视别人。

眼睛是心灵的窗口，一个人的眼神可以折射出性格，透露出情感，传递出微妙的信息。正视别人等于告诉对方："我是诚实的，光明正大的；我非常尊重你，喜欢你。"因此，正视别人，是积极心态的反映，是自信的象征，更是个人魅力的展示。

第三步：昂首挺胸，快步行走。

倘若仔细观察就会发现，身体的动作是心灵活动的结果。那些遭受打击、被排斥的人，走路都拖拖拉拉，缺乏自信。反过来，通过改变行走的姿势与速度，有助于心境的调整。要表现出超凡的信心，走起路来应比一般人快。步伐轻快敏捷，身姿昂首挺胸，会给人带来明朗的心境，会使自卑逃遁、自信滋生。

第四步：练习当众发言。

面对大庭广众讲话，需要巨大的勇气和胆量，这种办法可以说是克服自卑最为有效的方法。想一想，你的自卑心理是否多次发生在这种情况下？其实当众讲话，谁都会害怕，只是程度不同而已。所以，你不要放过每一次当众发言的机会。

第五步：学会微笑。

真正的笑不但能治愈自己的不良情绪，还能马上化解别人的敌对情绪。如果你真诚地向一个人展颜微笑，他就会对你产生好感，这种好感足以使你充满自信。正如一首诗所说："微笑是疲倦者的休息，沮丧者的白天，悲伤者的阳光，大自然的最佳营养。"

学着一步步走出自卑的牢笼，不要惧怕别人异样的眼光。要想得到他人的重视，你自己先要瞧得起自己，这样别人才不会轻易小看你。当你习惯在人群中大胆地与人交流时，自卑心态自然就会消失，而你的好心态也会逐步建立。

第二节　转化嫉妒：为自己喝彩，为他人鼓掌

嫉妒是痛苦的制造者

在社会中，嫉妒常常是当自己的才能、名誉、地位或境遇被他人超越，或彼此距离缩短时所产生的一种由羞愧、愤怒、怨恨等组成的多种情绪体验，它带有明显的敌意，甚至会产生攻击、诋毁他人的行为，不但危害他人，给人际关系造成极大的障碍，最终还会摧毁自身，所带来的后果是严重的。它阻断了人与人之间的正常交流，更不用提合作共赢了，连沟通都成问题。

弗朗西斯·培根说过："犹如毁掉麦子一样，嫉妒这恶魔总是在暗地里，悄悄地毁掉人间美好的东西！"

对于嫉妒心，星云大师形象地比喻道："人的嫉妒心像一把双刃的刀，你举起它时，虽满足了伤害别人的目的，但也使得自己鲜血淋漓。"确实，嫉妒是损人不利己的双输行为，它是痛苦的制造者，在各种心理问题中是对人伤害最严重的，可以称得上是心灵上的恶性肿瘤。如果一个人缺乏正确的竞争心理，只关心别

人的成绩，同时内心产生严重的怨恨，嫉妒他人，时间一久，心中的压抑聚集，就会形成心理问题，对健康也会造成极大的伤害。因为嫉妒，造成了很多无法挽回的惨剧。

有这样一件真实的故事：

对某高级中学三年级（1）班寝室的女生而言，2003年1月21日那个凌晨，无疑是一场噩梦。一声惨叫打破了黑夜的宁静，女生甲被人泼硫酸毁容。惨案的根源是因为同班的乙嫉妒同学丙比较聪明，学习成绩又比她好。马上又有一轮考试，为了耽搁丙的时间，影响她的学习，她选择了泼硫酸的方式，但没想到泼错了人。由于造成甲的严重残疾和丙的轻微受伤，法院判处乙死刑，并剥夺政治权利终身。

可见，嫉妒心如果过重，它比一切毒瘤都可怕，产生的后果也不堪设想。

据研究者说，嫉妒是许多动物的本性，作为高级动物的人类，嫉妒几乎人人都有，只是多与少的不同。这是人性中残存的动物性的一面。当我们还是孩子时，就会对父母表现出的对其他兄弟姐妹的偏心而心生不快，我们会因他们比自己多吃了一口蛋糕或穿了一件新衣服而生气甚至哭闹。虽然嫉妒是人普遍存在的也可以说是人天生的缺点，但我们绝不可因此而忽视它的危害性，特别是当嫉妒已经发展到很严重的地步时，内心产生的怨恨越积越多，时间久了就会形成心理问题，也会对健康造成极大的伤害。

首先，嫉妒会对心理健康造成危害。泛化了的嫉妒是一种病态，表现为人格的偏离。这种病态的人格表现为极度的感觉过敏，思想、行动固执死板，坚持毫无根据的怀疑。对别人特别嫉妒，又非常羡慕；对自己过分关心，又无端夸张自己的重要性；把自己的错误或不慎产生的后果归咎于他人；不停地责备和加罪于他人，却原谅自己；总是过多过高地要求他人，但从来不信任别人的动机和意愿，认为别人心存不良，甚至认为别人对自己要阴谋。很显然，这种人格是偏离常态的。这种具有病态的嫉妒的人格偏离往往会出现妄想症状，最后发展为偏执型精神病或精神分裂症。

其次，嫉妒会对个人发展造成明显的危害。由于人格偏离，常常不信任别人，好嫉妒，好归罪于他人。这必然会影响个体的人际关系和社会职能。从他人的角度看，如果一个人对他不信任，将失败全归罪于他，对他存有嫉妒心，他怎么能与这个人友好相处及合作呢？从个体自己的角度看，不信任别人、嫉妒他人，则不能与团队愉快合作。所以，面对自己的嫉妒心，我们要将它早早地隔绝在自己的心灵之外，以积极的心态去面对别人的优点。

嫉妒有三个心理活动阶段：嫉羡—嫉优—嫉恨。这三个阶段都有嫉妒的成分，而且是从少到多。嫉羡中羡慕为主，嫉妒为辅；嫉优中嫉妒的成分增多，已经到了怕别人威胁自己的地步了；嫉恨这把嫉妒之火已熊熊燃烧到了难以消除的地步。这把嫉恨之火，没有燃向别人，而是炙烤着自己的心，使自己没有片刻宁静，于是便绞尽脑汁去想方设法诋毁别人，这就使他形神两亏了。嫉妒实质上是用别人的成绩进行自我折磨，别人并不因此有何逊色，自己却因此痛苦不堪，有的甚至采用极端行为走向犯罪深渊。

一些人之所以嫉妒别人，一个重要的原因是自己不求上进，又怕别人超过自己，似乎别人成功了就意味着自己失败，最好大家都成矮子才显出自己高大。于是，“事修而谤兴，德高而毁来；怠者不能修，而忌者畏人修；我学不好，你也别学好；我当穷光蛋，你也得喝凉水”。这是一种十分有害的腐蚀剂，这些人的骨子里充满了“怠”与“忌”，无论对己、对社会、对国家的发展都是十分有害的，正如荀子所说：“士有妒友，则贤交不亲；君有妒臣，则贤人不至。”

嫉妒是腐蚀剂，是剧毒品，是痛苦的缔造者。所谓魔道由心而生，天堂和地狱只在一念之间，定期梳理和反省自己的心灵，才能确保不被心魔所控制，避免无穷的祸害，不至于害人害己。

不要被嫉妒蒙住了眼睛

如果我们肯摘下挡住眼睛的黑色布条，勇敢地看清自己，欣赏别人，消除嫉妒的心态，那么，我们的人生就会更容易获得成功。

而事实也确实如此。

迈克尔·乔丹是驰名世界的篮球明星，他在篮球场上的高超技艺举世公认，而他待人处世方面的品格更为人称道。皮蓬是公牛队最有希望超越乔丹的新秀，但乔丹没有把队友当作自己最危险的对手而嫉妒，反而处处加以赞扬、鼓励。

为了使芝加哥公牛队连续夺取冠军，乔丹意识到必须推倒“乔丹偶像”，以证明公牛队不等于“乔丹队”，一人绝对胜不了五个人。一次，乔丹问皮蓬：“咱俩三分球谁投得好？”

“你！”

“不，是你！”乔丹十分肯定地说道。

乔丹投三分球的成功率是28.6%，而皮蓬是26.4%，但乔丹对别人解释说：“皮蓬投三分球动作规范。自然，在这方面他很有天赋，以后还会更好，而我投三分球还有许多弱点！”

乔丹还告诉皮蓬，自己扣篮时多用右手，或习惯用左手帮一下，而皮蓬双手都行，用左手更好一些，这一细节连皮蓬自己都没有注意到。乔丹把比他小三岁的皮蓬视为亲兄弟，“每回看他打得好，我就特别高兴，反之则很难受”。乔丹的话语中流露出他们之间的情谊。

正是乔丹这种心底无私的慷慨，树立起了全体队员的信心并增强了凝聚力，公牛队取得了一场又一场胜利。1991年6月，美国职业篮球联赛的决战中，皮蓬独得33分，超越乔丹3分，成为公牛队这个时期的17场比赛得分首次超过乔丹的球员。这是皮蓬的胜利，也是乔丹的胜利，更是公牛队的胜利。

嫉妒往往是个人才能与意志缺乏的体现，伏尔泰说：“凡缺乏才能和意志的人，最易产生嫉妒。”因为自己技不如人，就只能用嫉妒的心理去排解心中的不平。一旦任由嫉妒心理自由发展，你就会疏远那些各方面比自己强的人，到头来不仅孤立了自己，而且也会阻碍自己的前进。

倘若你已经努力了却仍无法完成你的人生目标，当然也只有放弃这件事，再寻找其他可以让你快乐的事，放弃那些难舍弃的欲望，或许可以让你成长。

无论如何，嫉妒别人不如努力去实现自己生命的价值，毕竟人不能靠嫉妒来推动生命，更不能因嫉妒而停止前行，但嫉妒却可以使我们无法肯定自己的尊贵，同时也丧失了欣赏别人的能力。

有嫉妒心的人如果不猛醒，前途不会美妙。如果想调适自我，把嫉妒变成竞争的动力，首先要把注意力调节到自身的优势和对方的劣势上。当你嫉妒别人时，总是因为他在某些方面的优势深深地刺激了你，而你自己在这方面又恰恰处于劣势。这一差异正是产生嫉妒的刺激源。与此同时，你却忽略了自己在另一方面的优势。如果你能有意识地调节自己的注意中心，便会使原先失衡的心理获得一种新的平衡，这种平衡无疑会稳定你的情绪和情感。

不要拿别人的优点折磨自己

每个人都有长处与短处，要想事事超过别人是不可能的，关键是要善于自我评估与分析，发现自己的长处与短处，扬长避短。同时保持一颗平常心、包容心，变嫉妒为虚心地向他人学习，变消极为积极地博采众长，使自己不断发展，走向成功。

有一天，一位女教师来到一位整容医师的诊所。这位女教师非常沮丧地对医师说："学校有很多漂亮的老师，在她们面前我根本抬不起头来。为什么我长得这样平凡呢？医师，你一定要帮我，让我变得和她们一样光彩照人。"这位医生好奇地问道："您对自己的容貌真的感到很不满意吗？"女教师听了，喋喋不休地说了一堆的不满。她对自己的五官都很不满意，认为她的鼻子太长、眼睛不够有神、下巴太软弱、耳朵又像招风耳，这一切都是她所不喜欢的。

医师仔细地望着她，认为她长得并不难看。她的问题就在于她把自己估计得太低。但医师还是动手术稍微改善了她的五官，但只是动了一些小手术，比她所要求的少了很多。

医师对她说："身为一名整容医师，我只能替你动这些手术了。"她似乎很不高兴，但她一面打量着镜中的自己，一面以极度控制的声音说道："你并没有对我的脸孔做太大的改变。"

医师说："你的脸孔只需稍做改变，我都已经做了。现在你的脸孔一点毛病也没有了，唯一的问题是你使用脸孔的方式错了，你把它当作是一个面具，用来遮掩你的真实感觉。"

她很伤心地低下头说："我已尽了最大的努力了。"

"我相信你，"医师说，"其实你也不必要和自己过不去，为什么一定要拿别人的优点来折磨自己呢，难道真实的自己不好吗？和自己作对，只会让自己更加痛苦。"

这位女教师听了，开始思考起医师的话来，她觉得很有道理，心想：是啊，我为什么一定要拿别人的优点来折磨我自己呢？我虽然不如她们漂亮，可是学生们却都很喜欢我；我虽然不如她们漂亮，可是也不是很差嘛。

从此，这个老师再也不担心她的脸孔了，她觉得比以前轻松多了。她自认是一名更有人情味的老师了，她每天开心上班，开心下班，她完全放弃了那个忧虑的自我。

正如故事中医师所说的那样，嫉妒就是拿别人的优点来折磨自己。其实，每个人或多或少地都会存在一些嫉妒心，无法面对那些比我们优秀的人，这一点正是阻挡大多数人迈向成功的绊脚石。羡慕和嫉妒只会将自己的注意力集中在别人的优点和自己的缺点上，无法保持一颗平常心，这样就不能在工作中取长补短，更不能提升自我能力。

有的时候嫉妒者对别人惨败的兴奋往往要胜过对自己成功的喜悦，对别人优胜的愤怒每每强过对自己失败的难过，设计陷害他人的人最终必然掉进自己设计的陷阱里。西方有一句谚语："好嫉妒的人会因为邻居的身体发福而越发憔悴。"所以，好嫉妒的人总是 40 岁的脸上就写满 50 岁的沧桑，嫉妒不仅会影响到我们的健康与生活，更重要的是，嫉妒会影响到我们的工作心情，是我们职业发展过程中最大的心理障碍。

颇具传奇色彩的股票交易商巴鲁克曾经说过："不要祈求别人遭遇灾难。最好的办法就是不断自我超越。记住，一旦你将目的只放在别人的身上，祈求别人遭遇灾难，也就是承认自己不如别人，害怕别人超越了自己。"一个人要想不被别人超越，就要不断自我超越。因为别人的优秀并不妨碍自己的前进，相反，有的时候它能给你带来前所未有的动力。事实上，一个真正埋头于自己事业的人，是没有时间和精力去嫉妒其他人的。所以，忘掉嫉妒吧，这能让你的胸襟渐渐宽广起来。

欣赏他人，让嫉妒变成动力

“金无足赤，人无完人”，谁都会有自己的缺点。相反，“尺有所短，寸有所长”，每个人也都有自己的优点。我们只有能够欣赏别人的事业风景，善于发现别人的优点，才能好好地利用这些优点为自己服务。

钢铁大王安德鲁·卡内基曾经亲自预先写好自己的墓志铭：“长眠于此地的人懂得在他的事业过程中起用比他自己更优秀的人。”

大部分中国人都有一种特长，就是善于发现别人的优点，并能够吸引一批才识过人的良朋好友来合作，激发共同的力量。这是中国成功者最重要也是最宝贵的经验。

其实，嫉妒是人向往美好的天性使然，看到比自己优秀的人，自然会有羡慕和自怜的情绪。但控制好这种情绪，就能将它转化为我们奋进的动力。

美国总统亨利·杜鲁门化嫉妒不满为进取的故事就是一个很好的例子。

查理·罗斯中学时由于品学兼优，得到全校最年轻、最有威信的教师布朗小姐的极高评价和期待。在毕业典礼上，布朗小姐出人意料地向他表示了个人的祝福——当众亲吻了查理。事后，许多男生表示不满，其中一个男孩由于强烈的嫉妒，还当众指责布朗小姐偏心。查理毕业后由于在报界工作勤奋，成绩显著，被亨利·杜鲁门总统任命为白宫负责出版事物的首席秘书。

而那个曾经因强烈嫉妒而指责布朗小姐的男孩，就是把嫉妒变成奋进的力量，最后成为美国总统的亨利·杜鲁门。

如何战胜嫉妒，学会欣赏他人呢？我们可从两个方面入手。

一方面我们要树立远大的理想和抱负，并坚持不懈地为之努力奋斗，使自己强大起来。不要为眼前的蝇头微利而患得患失，更不必花时间和精力去嫉妒他人的成功。当我们把心思用在不断提升自己、为理想奋斗时，自然无暇嫉妒别人，也不会有时间抱怨所得甚少了。

另一方面我们也要培养豁达的人生态度。尺有所短，寸有所长，别人虽然优秀，自己也非一无是处。再说，当今是合作共赢的社会，朋友优秀了，对自己不也是一件好事吗？虽然一时得不到想要的，但至少可以通过努力一步步地接近目标，即便最终与成功失之交臂，毕竟也努力争取过了，无怨无悔。

此外，面对他人的成功，我们还应该做到两点。

1. 学会坦诚面对

培养豁达的人生态度，要有宽广的胸襟，将心比心、设身处地为别人着想。要知道，“天外有天，人外有人”是正常的。

2. 化嫉妒为动力

无论在何种环境中，每个人都要在具有竞争的条件下客观地对待自己。不要把比自己优秀的人当成自己的敌人，要当成自己前进的动力。学会赞美别人，把别人的成就看作是对社会的贡献，而不是对自己权利的剥夺或地位的威胁。将别人的成功当成一道美丽的风景来欣赏，你将会在各方面达到一个更高的境界。

其实，对别人产生了嫉妒并不可怕，但是一定要能够正视嫉妒，以一颗宽容的心来对待别人。容易嫉妒的人不妨借嫉妒心理的强烈意识去奋发努力，让自己升华这种嫉妒之情，学会把嫉妒转化为成功的动力，化消极为积极，这样自己也会开心起来。任何人都一样，如果你想成为一个企业的领袖，或者在某项事业上获得巨大的成功，首要的条件是要有一种鉴别人才的眼光，能够识别出他人的优点，并在自己的道路上利用他们的这些优点，这也是嫉妒的正面影响。

学会自医，远离嫉妒的辐射源

嫉妒者记恨别人，竭力贬低、败坏别人，对别人的进步和成就总是不屑一顾，看不到自己和别人之间的差距，不想奋力赶上。这样，自己与被嫉妒者之间，必然会拉开更大的距离，到头来自己只能是越来越落后。嫉妒人家，无非是怕人家比自己强。但是，怕也无济于事，嫉妒不能给自己带来什么好处，反而更加显示出自己的落后、狭隘。既然如此，何必嫉妒别人呢？

我们先来看一个故事。

我国医学专家谈家桢，曾在美国从师摩尔根教授，在他学成归国的前夕，摩尔根拍着他的肩膀说道："今天我很开心，我看到一个年轻的中国人超过了我，这让我深感欣慰。我还希望以后会有更多的年轻人超过我，也超过你。"回国后，谈家桢的脑海里总会浮现摩尔根教授对他说那番话时谦逊和真诚的神情，他也始终坚持着这样的信念：培养学生的目标是让他们超越自己。

后来，他有个学生在生物遗传研究方面取得了惊人成果，这位学生的论文发表后，受到遗传学家们的重视和好评。学术界的朋友们和谈家桢开玩笑说："你得加快脚步了，否则你的学生会超过你的。"谈家桢听了十分开心地回答说："这样好。如果学生始终停留在老师的水平上，那就是教育的失败。我的愿望就是要学生超过我，这就是我最大的骄傲。"也就是在这个学生的论文发表不久，摩尔根教授给谈家桢寄来一封祝贺信，信上说："我终于又一次看到一个年轻的中国人超过了我，也超过了你。值得骄傲的是你亲自培养了超过你的学生。"

看别人成不成功或者是比你好不好，重要的是看自己是以怎样的一种心态去面对。如果能从他人的成功中获取到激励自己前进的动力，那就是一份豁达，反之，就是嫉妒。那么，要怎样才能消除嫉妒心理呢？从心理学角度来说，一个人的嫉妒心理并不是天生就有的，而是后天形成的。所以，我们可以通过自身的道德修养、自我控制、自我调节来修正。

1. 将压力变为动力

将不服气变为志气，使自己有一种竞争意识，促使自己努力向上。你比我好，我要比你更好。通过自强不息的努力超过别人，这本身就是一种健康意识。这种意识表现得恰当，就会使自己的想法成为达到目标的动力，使自己的追求具有良知和道义。相反，总是想自己不如别人就只会嫉妒，并造成精神负担，对自己和他人都可能起到不好的作用。

2. 发现自己

要看到自己的长处，发现自己的价值，这是培养自尊心、消除自卑感和嫉妒心理的有效方法。

3. 换个角度看问题

不妨站在对方的立场上考虑问题。人人都希望得到他人的精神支持，所以当你对一个人产生嫉妒的时候，不妨大度地站在对方的立场上诚恳地赞扬他。因为信任和友谊会使你感到充实，你也可以感受到“心底无私天地宽”的心理体验。

4. 培养洒脱的心态

嫉妒常常来自生活中某一方面的“缺乏”。你觉得嫉妒，也许因为别人得到了你想要的工作或等待的机会，因为你害怕一旦失去它们，你的生活将跌至谷底。因为别人得到了你想要的东西，所以你嫉妒。总是有这种“缺乏感”会扰乱你的想法、感觉和生活。它会引起嫉妒这种强烈的负面情绪，让你被嫉妒纠缠，并不断强化和持久化这种情绪。

为了摆脱这种局限和心态，你可以让自己洒脱一点，告诉自己，新的机会随时都会有。洒脱的心态会让你获得内在的情绪自由，并让你更放松、更积极。当你知道这世上的机会有很多时，便没什么好嫉妒的了。所以，每当你发现自己又被嫉妒纠缠上时，记得把焦点从“缺乏”转到“丰富”上，你就能洒脱应对了。

5. 承认嫉妒

停止与嫉妒斗争，承认它，接受它。这也许听起来有点儿反常，但当你抵制一种情绪时，往往你却给了它更多的能量。相反，若你接受一种情绪，你便能随意地看待它，停止给它提供能量，最终这种情绪将会消失。方法如下：

（1）承认并跟着感觉走。认真体会你脑中的感觉，别去评判它是对是错。如果你随着它走，并认真体会，一两分钟之后，它就消失了。

（2）你是它们的观察者，它们只是你生活的过客。不要把个人同自己的想法与情感等同起来。如果你学着不把思想和情感与自身等同，那么你就不必经常做以上练习。你只需更自发地接受你的想法与感觉，然后等待它们的离去。

（3）想想什么对你有益。问自己什么有益是个好方法，它能告诉你想法与行为间的差距，激励你丢掉一些无用的负担。

掌握这些自医的小方法，你就可以远离嫉妒的辐射源。

第三节　摆脱虚荣：别让虚荣害了你

虚荣，人性的弱点

生活中，每个人多多少少都会有一些虚荣心。

虚荣心是人的天性之一，街头乞丐会因为多讨得一枚硬币而向同伴炫耀；天真的孩子会因为老师的一句表扬而笑逐颜开。曹操与刘备煮酒论英雄，认为“唯使君与操耳”，其实不过是用刘备作陪衬，标榜的正是他自己。曹操雄才大略，自视甚高，可偏偏碰上一个故作聪明的杨修，一而再、再而三地当众道破他心中的玄机，这让他的虚荣心很受伤，不得不杀掉杨修以泄心头之愤。而杨修之死，又何尝不是他自己的虚荣心所招致的呢？因此，虚荣不可以脱离实际，物极必反，过度膨胀的虚荣心很容易走向它的反面，以致采取不道德或者不合法的手段，去攫取自己想要得到而得不到的东西。

虚荣心促使一个人失去坦然，因为害怕，所以常活在恐惧中，经常没有安全感，不满足。虚荣心强的人，与其说是为了脱颖而出、鹤立鸡群，不如说是自以为出类拔萃，所以不惜玩弄手段，使虚荣心得到最大的满足。心理学家告诉我们：虚荣是人生的矛盾、人类的特征，它很可怕，而且范围几乎是无限的。无数事实表明，正常的社交关系，都会因为虚荣而丧失。

韦格是一个奥地利女孩，她天生丽质，自小就聪明过人。长大后的韦格在一所大学专修油画。韦格很有绘画天分，她的男朋友为了让她完成自己的梦想，一直积极地在为她筹备个人画展。可是，这并不是一件容易的事情，画展筹备到一半时，他们在经济上遇到了困难。

这时，世界小姐大赛正在征集选手，奖金十分诱人，仅初赛的奖金就高达5000美元。于是，韦格的男朋友鼓励她去参加世界小姐选美，韦格去了，而且一路进军到了拉斯维加斯——她成了1987年度的世界小姐。

韦格曾一直梦想可以开个人画展，而如今她已不再需要画展。韦格曾经幻想有一个自己的家庭，和男朋友过着浪漫温馨的日子，然而她成为世界小姐以后，整天被阔佬阔少们包围着，理所当然地接受他们的大献殷勤，她再也不缺少浪漫与温馨了。作为世界小姐，高高站在财富与荣耀的顶端，曾经的一切似乎都不那么重要了。

韦格心安理得地享受着这一切，享受着世界小姐的荣耀带给她的琳琅满目的意外“财富”。

正当事业如日中天时，她却生病了，患上一种名叫克里曼特的综合征。

这种病的最大危险在于，她的双眼视力将逐渐衰退，最终将会失明。韦格因此陷入绝望之中。

她的情绪低落到了极点，她开始诅咒上帝，不该把她的“意外收获”在“一瞬间”统统收回去。她认为是上帝妒忌她的天资聪颖，因此怨恨交加。

就在韦格病重的消息传出不久，一个名叫帕迪的非洲小男孩寄给她一包土，说他们那里的人都用这种土来治病。韦格并不相信土可以治病，但还是抱着试试的态度用了，结果，她的病竟奇迹般地好了。

又是一次意外，她欣喜若狂，她的财富又可以回到她的身边了，于是她发誓，这次一定要紧紧抓住这些财富，绝不能再失去。

后来她嫁给了一个美国富翁。

在以后的日子里，韦格先后改嫁6次，可是没有一个男人令她满意。终于在一天夜里，她明白了，自己看起来拥有一切，其实却一无所有，她觉得自己这辈子没有什么价值可言，于是她选择了自杀……

如果在她发达时没有抛弃男朋友，被评为世界小姐之后，依然继续她的事业，也许她会活得更加幸福。追求金钱，爱慕虚荣，让她彻底迷失了自己，陷入虚荣的泥潭里无法自拔。

虚荣并不可怕，可怕的是人的不自知、不满足，让虚荣心无限膨胀，失去了尺度。其实，人降生后，虚荣就开始与他相伴：年幼时，凡事都以自我为中心；长大后，也只是学会让步。即使人死了，虚荣也不会消失，墓碑也会向人们炫耀自己的“光荣”。

每个人多多少少都会有一点儿虚荣，而且虚荣在某种程度之内是被允许的。每一个人都希望别人眼中有自己，所以当别人夸奖自己时，每一个人都会很高兴。因此，当你想要操纵一个人时，常常就是通过激发对方的虚荣心，把人之所欲施于人。

虚荣心必须有个尺度，特别是在与竞争对手或敌人相处时，否则就会被别人利用。

对名利的追求，会使社会形成不务实的浮夸之风，使个人丧失生活的基础，从而陷入钩心斗角之中。因此，我们要控制住自己的虚荣心，让它停留在萌芽状态，作为鼓励我们向上的原始动力，千万不要让它恣意疯长，而毁了自己的好前程。

过度虚荣是一条不归路

过度虚荣的人，往往会迷失自我，久而久之，必然会走上一条不归路。人的虚荣是一种极端无聊的心态，它或会成就一个人的名气，却也能毁灭一个人的人格与人品。

人并不是不知道虚荣的腐蚀性，也不是因为基本生计不得不虚荣一把，而是甘愿甚至热衷于献身于这巨大的腐蚀性之中。因为这种腐蚀性所带来的痛苦是潜在的，隐蔽在一个人孤独的幕后，它需要崇高的引发和坦诚的揭露，需要人格的反省和人品的拷问。

心理学认为，虚荣心是自尊心的过分表现，是为了取得荣誉和引起普遍关注而表现出来的一种不正常的社会情感。有的人在虚荣心的驱使下，往往只追求面子上的好看，不顾现实的条件，最后害了自己。在强烈的虚荣心驱使下，有时会产生可怕的动机，带来非常严重的后果。因此，虚荣心是要不得的，应当把它克服掉。

小李是一家果品公司仓储管理员，几年前从苏北的一个小城来到北京。没过多久，小李认识了小王，小王是一个年轻漂亮的姑娘。

接触了一段时间之后，小李发现自己对小王有了不一样的感情，他觉得自己喜欢上小王了。但是从小城来的他在这位年轻漂亮的北京姑娘面前，总觉得自己过于寒酸。为得到小王的爱，小李常常在她面前装作很大方的样子，他会给小王买贵重的礼物，重要的节日里还要送花，有时候还请小王去星级饭店消费。

但是，不管怎样装大方，没钱就是没钱。

有一次，小李顺手牵羊获得了一笔意外的财产，这让他体验到了有钱人的潇洒。

从此以后，他便一发而不可收，先后偷窃各类财物价值十多万元。然而，法网恢恢，他最终还是落入了法网。

小李本性不坏，可是为了博得女友的青睐与好感，他竟然不惜靠盗窃得来的钱财维系自己的虚荣，最后付出了惨痛的代价，想想真是可悲可恨。

一个人一旦被虚荣冲昏了头脑，为了获得满足虚荣的快感，常常会丧失理智，不顾后果。古希腊有这样一个传说：一位名叫赫洛斯特拉特的牧人，为了扬名四方，竟然放火烧毁了建筑学上非常有名的古迹埃凡司阿泰密斯神庙。这就是后人用于比喻虚荣的所谓“赫洛斯特拉特荣誉”的来历。古往今来，为满足虚荣而不惜铤而走险、以身试法的事屡见不鲜，真是死要面子活受罪。

具有虚荣心态的人，其价值取向常常是扭曲的。为了虚荣，他们有的不懂装懂，即使对某一门知识或某一件事情茫然无知，却总要摆出一副见多识广者的架势来；有的不富装富，纵然自己家境贫寒、生活窘迫，也要讲排场，竭尽奢侈铺张之能事；有的嫉贤妒能，看到能力比自己强、水平比自己高、生活比自己好甚至外表比自己美的人，心里就会感到不舒服、不痛快；有的弄虚作假，为了满足日益膨胀的虚荣心，公然违背实事求是的做人处世原则，不惜出卖良心。

把持住自己的欲望，别让虚荣钻了空子，害了你的一生。

不要活在别人的价值观里

实际上，虚荣心很强的人其深层心理是心虚。为了追求有面子，打肿脸充胖子，内心却是很空虚的。表面的虚荣与内心的空虚总是相斗争的。因此，有虚荣心的人，至少要受到来自两个方面的心灵折磨：一是没有达到目的之前，为自己的不尽如人意的现状所折磨；二是达到目的之后，唯恐自己的真相露馅所受的折磨。因此，他们的心灵总是痛苦的，是没有幸福可言的。

过度爱面子是极度虚荣的表现。产生虚荣心理之后，人只能“死要面子活受罪”了。通常情况下，自尊心很强的人最容易产生虚荣心理，因为他们非常注重自己在同伴中以及整个社会群体中的位置，也最关心自我价值的存在。

适度维护名誉可提醒自己维护自尊。如以不正当的或虚伪的方式去满足自尊心，以求得不真实的名誉，这就是一种虚荣心理的表现。其实，这是完全没有必要的。学着让自己安于平淡，学会自尊与自重，有自知之明，追求内心真实的美丽，这样才能活得潇洒而自在，不为外物所累。

富兰克林有句名言：牺牲眼前的一些虚荣，日后会有大收获。蜚声世界的作家小仲马的故事，就是一个极好的例子。

有一天，大仲马得知自己的儿子小仲马寄出的稿子总是碰壁，就告诉小仲马说："如果你能在寄稿时，随稿给编辑们附上一封短信，说'我是大仲马的儿子'，或许情况就会好多了。"小仲马断然拒绝了父亲的建议，他说："不，我不想坐在你的肩头上摘苹果，那样摘来的苹果没味道。"

年轻的小仲马不但拒绝以父亲的盛名做自己事业的敲门砖，而且不露声色地给自己取了十几个其他姓氏的笔名，以避免那些编辑把他和大名鼎鼎的父亲联系起来。

面对那些冷酷而无情的退稿笺，小仲马没有沮丧，仍然坚持创作。终于，他的长篇小说《茶花女》以其巧妙的构思和精彩的文笔震撼了一位资深编辑，这位知名编辑曾和大仲马有着多年的书信来往。他看到寄稿人的地址同大作家大仲马的丝毫不差，便怀疑是大仲马另取的笔名，但作品的风格却和大仲马的截然不同，带着这种兴奋和疑问，他迫不及待地乘车造访大仲马。

令他大吃一惊的是，《茶花女》的作者竟是大仲马名不见经传的儿子小仲马。

“您为何不在稿子上署上您的真实姓名呢？”老编辑疑惑地问小仲马。

小仲马说：“我只想拥有真实的高度。”

老编辑对小仲马的做法赞叹不已。

《茶花女》出版后，法国文坛书评家一致认为这部作品的价值大大超越了大仲马的代表作《基督山伯爵》，小仲马一时声名鹊起。

没有艰辛，便没有收获。这句浅显的人生哲学，其实每个人都懂得，只不过，在潜意识中，人们通常会对捷径更有热情。每一个成功者之所以成功，是因为他们付出了自身的努力，是因为他们懂得，一个人的价值只有通过自己辛勤努力取得成绩才能够得到证明。

假如小仲马当初动了贪慕名利之心，他绝不会成为一个享誉世界的作家。一个人的价值，需要自身去体现，不要去别人的价值观里找位置，那样，我们只会迷失自己。一个人要清楚地认识自己，认识自己真实的高度，就应当凭借自己辛苦的努力获得一定的业绩，这样，才是对自己的人生负责。

给虚荣者一剂良药

心理学家曾得出这样一个结论：虚荣心是世纪末过渡到下一个世纪间，最顽强的类似艾滋病的痼疾。要迈向成功，就必须远离虚荣。

虚荣心是一种常见的心态，因为虚荣与自尊有关。人人都有自尊心，当自尊心受到损害，或威胁，或过分自尊时，就可能产生虚荣心。

虚荣心理的表现是多方面的：对自己的能力、水平过高估计；处处炫耀自己的特长和成绩，喜欢听表扬，对批评恨之入骨；常在外人面前夸耀自己有点权势的亲友；对上级竭尽拍马奉承；不懂装懂，打肿脸充胖子，喜欢班门弄斧；家境贫寒却大手大脚，摆阔气赶时髦；处处争强好胜，觉得处处比人强，自命不凡；把生活中的失误归咎于他人，从不找自身的原因；有了缺点，也寻找各种借口极力掩饰；对别人的才能妒火中烧，说长道短，搬弄是非，等等。

虚荣心强的人不是通过实实在在的努力，而是以撒谎、投机等不正常的手段去渔猎名誉。虚荣心的产生与人的需要有关。人类的需要分生理需要、安全需要、归属和爱的需要、尊重的需要、自我实现的需要。其中，尊重的需要包括成就、力量、权威、名誉、地位、声望等内容。一个人的需要应当与自己的现实情况相符合，否则就要通过不适当的手段来获得满足，就会产生虚荣心。

如果说虚荣是一种病，那么又该如何治疗呢？

首先，要认识虚荣心的危害。一些虚荣心很强的人，意识不到自己的虚荣，不肯承认自己的虚荣，所以很难克服虚荣。因此，首先要正确认识自己，清醒地分析虚荣的危害。虚荣是一种虚假的荣誉，它可能使你得到一时的满足，填补一下内心的空虚，但它会使你背上沉重的包袱，时刻担心失去给你带来虚荣的东西，一旦失去，就会痛苦不堪。所以，只有认识到自身的虚荣以及虚荣的危害，才能下决心克服虚荣。

其次，要克服个人主义的私心。虚荣的人过于关注自己的名字和荣誉，很少考虑别人的感受和评价，有较强的自我表现欲，只要能给自己带来表现的机会，他都不会放过，争强好胜、不计后果，这是一种个人主义自私心理的表现。所以，要克服虚荣心，还要克服个人主义的自私心理和自我表现欲。

最后，培养脚踏实地、实事求是的思想作风。过于虚荣的人往往务虚，情绪不稳，能满足虚荣心时就有很高的热情，一旦虚荣心得不到满足，情绪就会一落千丈。

一位作家的寓所附近有一个卖油面的小摊子。一次，这位作家带孩子散步路过，看到面摊生意极好，所有的椅子都坐满了人。作家和孩子驻足围观，只见卖面的小贩把油面放进烫面用的竹捞子里，一把塞一个，仅在刹那之间就塞了十几把，然后他把叠成长串的竹捞子放进锅里烫。接着他又以迅雷不及掩耳的速度，将十几个碗一字排开，放盐、味精等佐料，随后他捞面、加汤，做好十几碗面前后竟没有用到五分钟，而且还边煮边与顾客聊着天。作家和孩子都看呆了。

离开面摊时，孩子突然抬起头来说："爸爸，我猜如果你和卖面的比赛卖面，你一定输！"对于孩子突如其来的话，作家莞尔一笑，并且立即坦然承认，自己一定会输给卖面的人。作家说："不只会输，而且会输得很惨。我在这世界上是会输给很多人的。"

他们在豆浆店里看伙计揉面粉做油条，看油条在锅中胀大而充满神奇的美感，作家就对孩子说："爸爸比不上炸油条的人。"

他们在饺子馆看见一个伙计包饺子如同变魔术一样，动作轻快，双手一捏，个个饺子大小如一、晶莹剔透，作家又对孩子说："爸爸比不上包饺子的人。"

故事中的作家不仅善于观察他人的优点，并且勇于承认自己在某些方面不如人。这种正视自己，并能欣赏他人的行为就是一种大智慧的体现。事实上，我们没必要为了满足自己的虚荣心而让自己显得处处比别人强，仿佛自己什么都能做到。每个人都有缺陷，不要试图每一样都在他人之上。有智慧的人，敢于承认自己不如人，也敢于对自己不会做的事说"不"，所以他们自然能赢得一份适意的人生。

因此，要克服虚荣心，还要从实际出发，踏实工作，培养锻炼自己的真才实学和良好的心理品质。

放下虚荣，回归本真

虚荣心是一种很复杂的社会心理现象，它借用外在的、表面的东西来弥补自己的不足，以赢得别人的注意和赞扬。

虚荣心很难说是一种错误，但很多严重的错误都因虚荣心产生。虚荣心作为人的一种心理需要，是普遍存在的。它有双重作用，正确利用，使它同上进心结合在一起，会调动人的工作积极性和热情；如果一味地为了满足自己的虚荣，被虚荣牵着鼻子走，就会深受其害，给工作和生活带来消极影响。

虚荣者的虚荣心很强，但他的深层心理却是空虚。虚荣者表面的虚荣与内心深处的空虚总是在斗争着，表面一个样，实际上是另一个样。虚荣者想把美好的一面展现给世界，但其实那不是真实的自己，而是虚枉。

一个干了一辈子农活的庄稼人，生平第一次买彩票，竟然中了千万元大奖，一夜之间成了暴发户。有了钱之后，他觉得自己现在身份也不一样了，想着自己需要一辆车。于是，第二天他就去买了一辆豪华轿车。

买了车之后，他又想到反正有这么多钱，干吗还要住在这个穷困的山村？于是，他又在城市里买了一套房子。但是，住在城市里的庄稼人每天都要开车回到村子里去，他希望看到每个熟人，也希望每个熟人都能看到他，因为他想炫耀。所以，总是“开着”轿车左拐右拐地穿过大街小巷，去与每一个人讲话。可是他走得很慢，比自行车还要慢。原因非常简单，这辆既美丽又气派的轿车是用两匹马拉着的。

其实，并不是汽车引擎不能发动，而是老农民不晓得把钥匙插进去发动它。

有了钱的庄稼人渐渐觉得孤单。他发现自己的朋友越来越少，连他的亲人都不搭理他了，就算是碰面了也只是说几句奉承他的话，有的亲人还暗地算计他。庄稼人觉得自从有了钱以后，很多东西都变了，生活越来越无趣了，他开始怀念干农活的日子，和乡亲们说说话，小聊几句，开开玩笑，多么惬意啊！可是现在呢，他觉得自己什么都没有了。

最后，他又回到农田里继续种地，因为他觉得只有这样才会充实和快乐。

一些虚荣心很强的人，通常情况下意识不到自己的虚荣，即使意识到了也不肯承认。

现实生活中，有很多贪图虚荣的人，绝不仅仅是为了满足争名，更为了夺利，这才是虚荣的本质属性。因此，好利是好名之因，争利是争名之源，只有抗拒利的诱惑，才能摆脱虚荣心理的纠缠，不忘初心。

第三章

排除负面情绪，释放生命正能量

第一节　控制愤怒：一生气你就输了

爆发的愤怒是地狱之火

愤怒是一座活火山，它爆发的时候，会将一切美好化为灰烬。

生活中，常有这样那样的事令我们心生愤怒，而在我们火冒三丈的时候，伤害的不仅是别人，更是我们自己。世间万物，危害健康最甚者，莫过于怒气，“气”乃一生之主宰，与人体健康关系甚密。若“心不爽，气不顺”，必将破坏机体平衡，导致各部分器官功能紊乱，从而诱发各种疾病和灾难。所以，《黄帝内经》就明确指出：“百病生于气矣。”

生气和发怒是身心健康的最大障碍。

控制自己的情绪，并冷静地应对一切，这是控制人性中不良因素的体现。为小事动怒、为小事发狂是我们很多人都会犯的毛病。遇事不能冷静思考，而是一味地发怒，并不能将问题很好地解决。

当你遇到不愉快的事情时，请先冷静下来。你必须承认生活是不公正的，任何人都不是完美的，任何事情都不会完全按照计划进行。

人经常不能控制自己的怒气，为了生活中大大小小的事情勃然大怒或者愤愤不平，愤怒由对客观现实某些方面不满而生成，比如遭到失败、遇到不平、个人自由受限制、言论遭人反对、无端受人侮辱、隐私被人揭穿、上当受骗等多种情形下人都会产生愤怒情绪。表面看起来这是由于自己的利益受到侵害或者被人攻击和排斥而激发的自尊行为。其实，用愤怒的情绪困扰灵魂，乃是一种自我伤害。

对身体健康的伤害只是其中一个方面，愤怒对于灵魂的摧残尤为严重。由灵魂而生的愤怒情绪，又回过头来伤害灵魂本身，让灵魂变得躁动不安，失去原有的宁静，浪费自己的精力和时间，这是灵魂的一种自戕。

古代的皮索恩是一个品德高尚、受人尊敬的军事领袖。一次，一个士兵侦察回来，当皮索恩问到和他一起去的另一个士兵去哪儿了时，这个士兵支支吾吾说了半天，也没能说清楚另一个士兵的下落。皮索恩对此感到愤怒极了，当即决定处死这个士兵。

就在这个士兵被带到绞刑架前即将动刑时，那个失踪的士兵回来了。这本来是一件令人喜悦的事情，但这位受人尊敬的领袖却不这样认为，他认为这是不能容忍的事情，令他颜面扫地，羞愧让他更加暴怒，最终结果十分让人痛心，他竟处死了3个人。

在这位军事领袖的身上，令人遗憾和痛心地表现出了愤怒摧毁理智的现象。而理智正是灵魂的高贵所在，如果人们任由灵魂自我伤害而不进行干预，这种无动于衷该有多么的悲哀。

正如思想家蒲柏所说：“愤怒是由于别人的过错而惩罚自己。”文学家托尔斯泰也说：“愤怒对别人有害，但愤怒时受害最深者乃是本人。”

我们愤怒于别人的言行，让愤怒占据了大部分的灵魂空间，灵魂负载着重担，再无法关照自身，更不能得到任何形式的提升，反而在愤怒情绪的支配下更加容易丧失理智，甚至于越来越远离人的高贵，接近于动物的蒙昧和愚蠢。

结果，导致我们愤怒的人与事依然故我，他们继续做着错的事，享受着愉悦的心情；

结果，因为愤怒，我们无法专注于眼前的工作，没能很好地履行自己的职责；

结果，我们只顾着愤怒，而无暇体验生命中原本存在的其他美和善。

折磨我们的是自己的愤怒情绪，而非别人的一些令人愤怒的行为。控制自己的愤怒情绪，从而避免让灵魂受到伤害，是完全在我们的力量范围之内的。

做人做事过于情绪化表明这个人心智还不够成熟。当你怒火中烧的时候，一定要克制自己的情绪。当你被愤怒控制，处于激动之中，会做出许多让你懊悔的事情。所以，为了避免被暴力、乖张、嫉妒、愤怒等不良情绪控制，我们要学会用感恩、知足、惭愧、反省、乐观等观念来控制情绪。

平和心灵助你平息愤怒情绪

生活中，我们通常会遇到一些令我们感到不能容忍的事情，比如遇到恶意的指控，无端的陷害，好心好意被人误解，等等。如果因为这些而大动肝火只会让事情越来越不可收拾。所以，生活中，只有能调控自己脾气的人才是真正的主人。然而，稍一放纵，你的脾气就可能战胜了你成为真正的赢家。

在60年代早期的美国，有一位很有才华、曾经做过大学校长的人，竞选美国中西部某州的议会议员。此人资历很高，又精明能干、博学多识，看起来很有希望赢得选举的胜利。

但是，在选举的中期，有一个很小的谣言散布开来：三四年前，在该州首府举行的一次教育大会中，他跟一位年轻女教师“有那么一点暧昧的行为”。

这实在是一个弥天大谎，这位候选人对此感到非常愤怒，并尽力想要为自己辩解。由于按捺不住对这一恶毒谣言的怒火，在以后的每一次集会中，他都要站起来极力澄清事实，证明自己的清白。

其实，大部分的选民根本没有听到过这件事，但是，现在人们却越来越相信有那么一回事，真是越抹越黑。

公众们振振有词地反问：“如果你真是无辜的，为什么要百般为自己狡辩呢？”如此火上加油，这位候选人的情绪变得更坏，也更加气急败坏、声嘶力竭地在各种场合下为自己洗刷，谴责谣言的传播。然而，这却更使人们对谣言信以为真。最悲哀的是，连他的太太也开始转而相信谣言，夫妻之间的亲密关系被破坏殆尽。

最后他失败了，从此一蹶不振。

曾经在战场所向披靡的拿破仑说过：“我就是胜不了我的脾气。”可见，人往往很难战胜自己的脾气，在怒火中烧，一触即发的时刻，是否会想到“脾气来了，福气就没了”的道理。

由此我们看到脾气暴躁的人，容易迁怒周遭所有的人、事、物，这是自古而然的，所以孔子才会称赞颜回：“不迁怒，不贰过！”

约翰·米尔顿说过这样一句话：“一个人如果能够控制自己的激情、欲望和恐惧，那他就胜过国王。”是的，如果我们能控制住自己的情绪，事情或许就会有另外一种结果。

莱蒙是一个牛奶供应商。一天，店里的职员因为家里有事，需要请假，莱蒙只得自己负责外送牛奶。

忙碌了一天，莱蒙关上店门刚要离开，突然接到一个电话，是附近公寓的客人打来的，说要一箱巧克力味的牛奶，问还能不能送。莱蒙心想反正也没什么事，就答应了。

这是一栋老式公寓，没有电梯。莱蒙扛着一箱牛奶爬了6层楼，气喘吁吁地按响了客人家的门铃。开门的是一位老妇人。老妇人看着莱蒙问道：“你来这里做什么呢？”莱蒙看了看手表，笑容可掬地回答：“送牛奶，你在二十分钟前订了一箱巧克力味的牛奶。”“哦，年轻人，你肯定是弄错了，我没有订过牛奶。”老妇人很肯定地回答。

莱蒙有些迷糊了，但他确信自己并没有记错，于是向老妇人说了一下具体地址，老妇人肯定了地址是没错，但是就是坚持着自己没要牛奶。莱蒙没有办法，又觉得没有必要和老人家有什么争辩。于是道了歉离开。

刚下楼，莱蒙的电话又响了，还是刚才的那个电话，还是要巧克力味的牛奶。这次，莱蒙很仔细地再三确定了客人的地址，他说道："请问您是布里特太太吗？""是的，我是。""那好，我现在马上给您送过去。"莱蒙挂了电话又一层一层地爬到了六楼，此时，他的衣服都已经被汗水湿透了。

莱蒙很有礼貌地按响了同一个门铃。老妇人笑着打开了门，说道："年轻人，我就是布里特太太，谢谢你肯再跑一趟。"

莱蒙并没有追究那个"再"字，而是很真诚地说道："应该的，是我的原因，如果我再确认一下，可能您就记起来了，不好意思，让您又打了一遍电话，还等了这么久。"

布里特太太感动极了，她说："我之前订过其他家的牛奶，他们都是来了一次就不愿再来了，因为楼层太高，实在是不方便。我刚才是为了考验一下你，请不要介意。"

莱蒙听了，立刻谅解了老人，他说："请您放心，我一定随叫随到，如果您一时间喝不了这么多，我可以分几次给您送。"

就是因为莱蒙的这一句话，整个老年公寓的牛奶都由莱蒙专供了，赢利十分可观。

能够控制自我情绪是人与动物的最大区别之一。脾气的好坏，全在自己。只要懂得克制，脾气这匹烈马就会被紧紧牵住，无法脱缰招惹是非。但克制只是治标不治本的方法，真正的良药在于拥有一个平和的心灵，只有平和才是脾气最好的转换器。

学会调节自我情绪，不要等一切都无法挽回的时候，再懊恼自己当时的所作所为。

冲动，是幸福的刽子手

在种种消极情绪中，冲动无疑是破坏力最强的情绪之一，它是低情商的表现，每个人在生活中都会遇到不合自己心意的事，这时候如果不保持冷静，不克制自己的冲动行为，就会为此付出代价。一个聪明的人，不应让坏情绪控制自己，而是应该自己去控制坏情绪，成为情绪的主宰者。

生活中许多人，往往控制不住自己的情绪，任性妄为，结果引火烧身，给自己和别人带来不必要的麻烦。所以，你要学会控制自己的冲动，学会审时度势，千万不能放纵自己。每个人都有冲动的时候，尽管冲动是一种很难控制的情绪。

培根说："冲动就像地雷，碰到任何东西都一同毁灭。"如果你不注意培养自己冷静平和的性情，一旦碰到不如意的事就暴跳如雷，情绪失控，就会让自己陷入自我戕害的囹圄之中。

南南的爸爸妈妈大吵了一架，起因是妈妈放在自己外套里的300元钱不见了，妈妈认定是爸爸拿的，但爸爸却不承认。下班后，爸爸直接去保姆家接南南，保姆一边帮南南穿衣服，一边说："昨天我给南南洗衣服，从她口袋里找出300元钱，都被我洗湿了，晾在……”没等保姆把话说完，爸爸立刻就把南南拽了过去，狠狠打了她两个耳光，南南的嘴角立刻流血了。

“你竟敢偷钱！害得我和你妈妈大吵了一架，这样坏的孩子不要算了！”他丢下南南掉头就走了。

南南根本不知道发生了什么事，只觉得脸很痛就哭了起来。保姆对南南妈妈说：“你家先生也太急躁了，不等我把话说完就打孩子，这么小的孩子怎么可能偷钱啊！100元钱对她来说就是张花纸。一定是她拿着玩时顺手放到口袋里的。”南南被妈妈抱回家后，总是不停地哭闹，妈妈只好带她去医院做检查。

检查结果让夫妻俩完全呆住了：孩子的左耳完全失去听力，右耳只有一点听力，将来得戴助听器生活。由于失去听力，孩子的平衡感会很差，同时她的语言表达也将受到严重影响。

南南的爸爸简直痛不欲生，他一时冲动打出的两个巴掌竟然毁了女儿的一生，他永远也无法原谅自己，并将终生背负着对女儿的亏欠。

愚蠢的行为大多是在手脚转动得比大脑还快的时候产生的。每个父亲都是爱自己的孩子的，南南的爸爸也一定为女儿设想过前途，想过女儿美好的未来，但冲动却使他亲手毁了这一切。

在遇到与自己的主观意向发生冲突的事情时，若能冷静地想一想，不仓促行事，也就不会有冲动，更不会在事后懊悔了。

大多数成功者都是对情绪能够收放自如的人。这时，情绪已经不仅仅是一种感情的表达，更是一种重要的生存智慧。如果不注意控制自己的情绪，随心所欲，就可能带来毁灭性的灾难。情绪控制得好，则可以帮你化险为夷。

所以，作为情绪的主人，我们应该培养自我心理调节能力，这是一种理性的自我完善。这种心理调节能力，在实际行为上显示出强烈的意志力和自制力。它使人以平和的心态来面对人生中的起起落落，保持与他人交往时的淡定从容。

抑制冲动，学会忍耐

冲动是一种突发的，很难控制的情绪。但尽管如此，你也一定要牢牢控制住它。否则一点细小的疏忽，可能贻害无穷。

有一个富人脾气很暴躁，常常得罪人，而事后又懊恼不已，所以一直想将这暴躁的坏脾气改掉。后来，他决定好好修行，改变自己，于是花了许多钱，盖了一座庙，并且特地找人在庙门口写上“百忍寺”三个大字。

这个人为了显示自己修行的诚心，每天都站在庙门口，一一向前来参拜的香客说明自己改过向善的心意。香客们听了他的说明，都十分钦佩他的用心良苦，也纷纷称赞他改变自己的决心。

这一天，他一如往常站在庙门口，向香客解释他建造百忍寺的意义时，其中一位年纪大的香客因为不认识字，向这个修行者询问牌匾上到底写了些什么。修行者回答香客，牌匾上写的三个字是“百忍寺”。香客没听清楚，于是又问了一次。这次，修行者有些不耐烦地又回答了一遍。等到香客问第三次时，修行者已经按捺不住，很生气地回答：“你是聋子啊？跟你说上面写的是‘百忍寺’，你难道听不懂吗？”

香客听了，笑着说：“你才不过说了三遍就忍受不了了，还建什么‘百忍寺’呢？”

修行者无语。

修行者修的是心宁性平和，首要的就是要会忍，如果连忍都做不到，又如何称得上是修行者。因此，只有在生活中懂得控制自己的情绪，懂得平和地对待他人，才能做到百忍而不怒。

人们常说，“冲动是魔鬼”。日常生活中，许多人都会在情绪冲动时做出令自己后悔不已的事情来。因此，学会有效管理和调控自己的情绪，是一个人走向成熟的标志，也是职场上迈向成功的重要基础。

业绩优秀的员工和业绩一般的员工，在“情绪控制能力”方面有明显差异，心理特征对能否胜任某一岗位甚至起决定性作用。近两年，美国心理学界也在进行相关的“情绪管理”研究。研究表明，能够控制情绪是大多数工作的一项基本要求，尤其在管理、服务行业更是如此。同样，在中国这样一个自古讲究“君子之交”的社会中，学会自我调节，是保持良好人际关系，获取成功的一个重要条件。

《黄帝内经》中说，人有七情六欲，喜伤心，怒伤肝，忧伤肺，思伤脾，恐伤肾。可见，情绪反应是人们正常行为的一方面，但用情过度却会伤害身体。很少有人生来就能控制情绪，但日常生活中，人们应该学着去适应。

人不可能永远处在好情绪之中，生活中既然有挫折、有烦恼，就会有消极的情绪。一个心理成熟的人，不是没有消极情绪，而是善于调节和控制自己的情绪。

冲动的情绪其实是最无力的情绪，也是最具破坏性的情绪。许多人都会在情绪冲动时做出使自己后悔不已的事情来，因此，应该采取一些积极有效的措施来控制自己冲动的情绪。

1. 调动理智控制自己的情绪，使自己冷静下来。在遇到较强的情绪刺激时应强迫自己冷静下来，迅速分析一下事情的前因后果，再采取表达情绪或消除冲动的“缓兵之计”，尽量不使自己陷入冲动鲁莽、简单轻率的被动局面。比如，当你被别人无聊地讽刺、嘲笑时，如果你顿显暴怒，反唇相讥，则很可能引起双方争执不下，怒火越烧越旺，自然于事无补。但如果此时你能提醒自己冷静一下，采取理智的对策，如用沉默为武器以示抗议，或只用寥寥数语正面表达自己受到的伤害，指责对方无聊，对方反而会感到尴尬。

2. 用暗示、转移注意法。使自己生气的事，一般都是触动了自己的尊严或切身利益，很难一下子冷静下来，所以当你察觉到自己的情绪非常激动，眼看控制不住时，可以及时采取暗示、转移注意力等方法自我放松，鼓励自己克制冲动。言语暗示，如“不要做冲动的牺牲品”“过一会儿再来应付这件事，没什么大不了的”等，或转而去做一些简单的事情，或去一个安静平和的环境，这些都很有效。人的情绪往往只需要几秒钟、几分钟就可以平息下来。但如果不良情绪不能及时转移，就会更加强烈。比如，忧愁者越是朝忧愁方面想，就越感到自己有许多值得忧虑的理由；发怒者越是想着发怒的事情，就越感到自己发怒完全应该。根据现代生理学的研究，人在遇到不满、恼怒、伤心的事情时，会将不愉快的信息传入大脑，逐渐形成神经系统的暂时性联系，形成一个优势中心，而且越想越巩固，日益加重；如果马上转移，想高兴的事，向大脑传送愉快的信息，争取建立愉快的兴奋中心，就会有效地抵御、避免不良情绪。

3. 在冷静下来后，思考有没有更好的解决方法。在遇到冲突、矛盾和不顺心的事时，不能一味地逃避，还必须学会处理矛盾的方法。

只要你领悟了人类情绪变化的奥秘，对于自己千变万化的个性，你不再听之任之。你已经知道，只有积极主动地控制情绪，才能掌握自己的命运。

你控制自己的情绪，你掌握自己的命运，你就能成为世界上最伟大的成功人士！

控制愤怒情绪

常言道：忍一忍，风平浪静；退一步，海阔天空。不必为一些小事而斤斤计较。人们不提倡无原则的让步，但有些事也没必要“火上浇油”，那只会使事情更糟，只会破坏你跟别人的感情。

有一家电脑公司，赶了一批货交给一家新开发的客户，交货之后，却迟迟不见客户将货款汇来。等了两个星期后，老板亲自到客户的公司拜访。老板在该公司等了很长一段时间之后，得到一张可立即兑现的现金支票。

老板拿着现金支票赶到银行，但是柜台小姐告诉他，这个账户内的存款不足，他的支票根本无法兑现。老板明白是那个客户故意要诈，想刁难他，原本他想立刻冲回客户的公司和他大吵一架。但是，这个老板一向秉持着“和气生财”的经营原则，所以他压下自己的怒气，向银行的柜台小姐询问这张支票之所以无法兑现，到底差了多少钱。由于老板的态度很诚恳，柜台小姐也很热心地帮他查询。查询的结果是，户头内只剩下98000元，跟他的支票金额只差2000元。

正如老板所料，这个客户是存心和他过不去。老板灵机一动，从身上拿出2000元，请柜台小姐帮他存到客户的账号里，补足支票的面额10万元后，再将支票轧进去。这样，他就顺利地领到货款了。

其实，这位老板完全可以理直气壮、怒气冲冲地跑到客户的公司去抱怨，但是他没有这么做。因为他知道，要是他这么做，不但浪费自己的时间，而且会因此永远失去这个客户。所以，他把时间花在解决问题上，而不用来制造新的问题，用理智而不是情绪去处理问题。

想要很好地控制自己的情绪，可以从以下几个方面入手：

1. 深呼吸

从生理上看，愤怒需要消耗大量的能量，你的头脑此时处于一种极度兴奋的状态，心跳加快，血液流动加速，这一切都要求有大量的氧气补充。深呼吸后，氧气的补充会使你的躯体处于一种平衡的状态，情绪会得到一定程度的抑制。虽然你仍然处于兴奋状态，但你已有了一定的自控能力，数次深呼吸可使你逐渐平静下来。

2. 理智分析

你将要发怒时，心里快速想一下：对方的目的何在？他也许是无意中说错了话，也许是存心想激怒别人。无论哪种情况，你都不能发怒。如果是前者，发怒会使你失去一位好朋友；如果是后者，发怒正是对方所希望的，他就是要故意毁坏你的形象，你偏不能让他得逞！这样稍加分析，你就会很快控制住自己。

3. 寻找共同点

虽然对方在这个问题上与你意见不同，但在别的方面你们是有共同点的。你们可搁置争议，先就共同点进行合作。

4. 回想美好时光

想一想你们过去亲密合作时的愉快时光，也可回忆自己的得意之事，使自己心情放松下来。如果你仅仅因为一个信仰上的差异而想动怒，你不妨把思绪带到一个令人愉快的天地里：美丽的海滩、柔和的阳光、广阔的大海……你会觉得，人生是如此美好，大自然是如此包罗万象，人也应该有它那样的博大胸怀，不能执着于蝇头小利……想到这些，你就容易克制自己的怒气了。

在怒火中放纵，无异于燃烧自己有限的生命。人生苦短，值得我们用心去品尝的东西实在太多，耗费时间和精力去生气可以算是真正的愚行。其实，人生多一点豁达，多一点宽容，多一点感悟，多一点理性，愤怒的情绪便会像一杯清净的水，倒地化为虚无。

第二节　清除焦虑：别让压力毁了你

产生焦虑情绪的原因

如一个人乘坐的汽车突然发生车祸，虽然自己没有受伤，感到侥幸、宽慰，但事后一想到这件事，心里就发抖，这就是人们常说的“后怕”，也就是焦虑。一个人面临会见重要人物、登台表演、等待可能来的空袭警报时都可能产生焦虑。

在这个时候，他们常常有一种说不出的紧张与恐惧，或难以忍受的不适感，主观感觉多为：心悸、心慌、忧虑、担心、愣神、沮丧、灰心、自卑。但自己又无法加以克服，整日忧心忡忡，似乎感到灾难临头，甚至还会担心自己可能会因失去控制而精神错乱。患者在情绪上整天愁眉不展、神色抑郁、面孔紧绷，似乎有无限的忧伤与哀愁。记忆力衰退，兴趣索然，注意力涣散。在行为方面，常常坐立不安，走来走去，抓耳挠腮，不能安静下来。

心理学研究表明，导致焦虑的原因既有心理的因素，又有生理因素的参与，同时，人的认知功能和社会环境也起重要作用。

研究发现，焦虑者及其亲属一般多具有焦虑性格，即易焦虑、易怒，胆小怕事，谨小慎微，情绪不稳，不安全感强，自信心不足等。由于这种性格的原因，这种人即使遇到细小的事件也往往不能适应，面对轻微的挫折或身体不适就出现过度的紧张，以致逐渐产生焦虑。

人们为什么面临如此众多的焦虑，从自然界、社会、人的心理和认识活动以及人体特征来分析，这些因素可以概括为：

1. 在工作、生活健康方面均追求完美化

生活稍不如意，就十分遗憾，心烦意乱，长吁短叹，老担心出问题，惶惶不可终日。须知，世间只有相对完美，绝无绝对完美；世界及个体就是在不断纠正不足、追求真善美中前进。应该“知足常乐”“随遇而安”，绝不做追名逐利的奴隶，为自己设置太多精神枷锁，让自己太累，把生命之弦拉得太紧。

2. 没有迎接人生苦难的思想准备，总希望一帆风顺

正如宇宙的自然规律一样，人生自始至终，都充满了矛盾，绝无世外桃源。人一降临人间，就会面临各种各样的磨难。没有迎接苦难的思想准备的人，一遇到困难，就会惊慌失措，怨天尤人，大有活不下去之感。其实，“吃得苦中苦，才能甜上甜”，要学会解决矛盾并善于适应困境。

3. 意外的天灾人祸

破产、毁灭或死亡会引起紧张、焦虑和失落感，或绝望，甚至认为一切都完了，等等。假如碰到意外不幸，建议你正视现实，不低头，不信邪，昂起头，挣扎着前进，灾难是会有尽头的，忍耐下去，一定会走出暂时的困境。有时会“山重水复疑无路，柳暗花明又一村”，出现“绝处逢生”的局面。有时乍看起来是件祸事，过后说不定又是一件好事。人生就是这样包含着“祸兮福所倚，福兮祸所伏”，好与坏，幸福与不幸的辩证关系。

4. 神经质人格

这类人的心理素质差，对任何刺激均敏感，一触即发，对刺激做出不相应的过强反应。承受挫折的能力低，自我防御本能过强，甚至无病呻吟、杞人忧天。他们眼中的世界，无处不是陷阱，无处不充满危险。他们整日提心吊胆，脸红筋胀，疑神疑鬼，如此心态，怎能不焦虑。

焦虑紧张时，不要迁怒他人。没有什么事会比迁怒他人更损害自己的。因为，这只会导致更严重的情绪紧张。紧张时更应该注意多休息。不管白天的精神压力如何，夜晚的时候，无论如何要让自己保持心境平和，因为紧张会导致失眠，精神会因之更加紧张。

消除迷惘，让情绪放松

如同惧怕失态一样，人们惧怕着迷惘。因此人们需要一个黑白分明的世界，为了解除迷惘所带来的焦虑。

这种对迷惘，对矛盾的惧怕是与他早期的生活环境分不开的，那环境迫使他有决断能力，有主动精神，思维严谨，头脑清晰。这样的头脑很难同时接受那些模棱两可的、矛盾中的事物。它需要鲜明的界线：好或是坏；对或是错；道德或是非道德；疯狂或是理智；友人或是敌人。这使他难以在生活中采取一种变通坦诚的态度。对他来说，不存在什么过渡区。例如，根据他对正义的传统观念，一个人不是清白无辜，便是罪责难逃，不可能会有什么情况夹在这二者之间。任何行为都应是泾渭分明。

无法忍受迷惘与矛盾，人的情绪会受到直接影响。逐渐地人变得刻板、僵硬，这形成一种世风，要么统治别人，要么被人统治；要么强大欺人，要么软弱可欺。这使他无法愉快地、充分地表现自己，——时而以一种方式，时而以另一种方式。因为一旦闯入“禁区”，比如说，表现了依赖性，他马上会感到不适和焦虑。

有一个人的眼睛受伤了，然后他就产生了种种对未来可怕后果的想象，为此他遭受了两天两夜的折磨。他几乎彻夜难眠，想象着自己正躺在医院里，医生们开始做手术，而他的眼球可能要被摘除；他还想象着，自己的另一只眼睛也慢慢地受到了感染，自己成了一个盲人；成了盲人的自己，整天生活在黑暗中，进出需要别人的搀扶，成了一个活着的废物……他的整个思想完全陷入对可怕未来的臆想之中，他几乎要发疯了！在事故发生的几天后，朋友在街上看到他，他神采奕奕。朋友询问了他眼睛的情况，他说：“哦，现在已经好了。只是一小粒煤渣掉了进去，引起了感染。”

学会去承受发生在你生活中的每一件事，这是达到心境平和的唯一方法。你真的没有必要去焦虑，因为你有能力做好任何事。

从清晨到晚上，当人们试着做如何度过这一天的决定时，接连输进的资料会在我们脑海里引发起一场思想上的纷争。从我们睁开眼睛的那一刻开始，到疲倦地回到被窝里为止，有各种不同的事情需要我们做决定。

除掉外界因素，在我们内心深处，还有一些更令我们不安的不确定感在挣扎着，这些不确定感包括我们的健康、年龄、生活的保障及我们存在的意义。通常，我们不会把这种感受向人倾吐。这只是一种日复一日向我们身体里每一个细胞侵袭的程序，使我们宝贵的精力被浪费在不能促进人类福祉或维护人们生命的思维里。

不论有多大困难，大多数的人仍试图替自己内心的混乱找出解决之道来，原因是人的心灵无法永远忍受迷惘。迷惘之所以令人困惑，是因为人不能一眼就看清构成它的各个不协调的部分。“我并不感到迷惘，”一个学生说，“这就是我！”从表面上看来，这句话并没说错，就像一桶牛奶一般。牛奶就是牛奶，难道不是吗？

人可能在未来的人生中都生活在迷惘中，不管人们对掌握自己的人生有无把握，人们的命运有一部分并不由自己控制。

心理上的焦虑并不能帮助我们解决什么问题，相反，它会使问题变得更困难。在焦虑的时候，我们的思考能力也降低了，一个个几乎都成了瞎子、聋子，使我们看不清事情的真相，而失去很多机会。这种焦虑，使得我们在考虑问题的时候，往往朝坏的方向想，而不朝或很少朝着好的方向考虑。有这种焦虑心态的人，不可能做成任何有价值的事情。由于无名焦虑的烦恼，由于对未来莫名的恐惧，由于对事态发展不能有一个正确的把握，他们做任何事情都不会有一个正确的方向。方向都错了，还会有正确的结果吗？

学会给自己减压

一位大企业的销售部经理，能力极强，也能适应高强度的工作。他老担心自己的行业会出现泡沫经济，一旦崩溃，优越的地位、收入将化为乌有；又担心自己已步入中年，那么多后生、小辈、新秀都生机勃勃，怎么保住自己的宝座啊？他整天忧心忡忡，似乎世界末日即将来临。

一名成绩平平的中学生，由于高考压力、早恋等，觉得自己快要垮了。他在日记中写道："人为什么要活着，活着能不能为自己……活着是为了别人……"

这些例子里的主人公都是低情商者，他们给自己压力使自己痛苦。其实压力和坏情绪都是自己给的。要随时给自己减压，人生才能真正轻松。

一个小女孩趴在窗台上，看窗外的人正埋葬她心爱的小狗，不禁泪流满面，悲痛不已。她的外祖父见状，连忙引她到另一个窗口，让她欣赏他的玫瑰花园。果然小女孩的心情顿时明朗。老人托起外孙女的下巴说：“孩子，你开错了窗户。”

女孩情绪低落是因为她开错了窗户。压力大、情绪低落，是因为你看到的都是压力和负面的东西，换一种思路，变一种视角，就会发现，原来压力都是自己营造的。

压力其实是一个过度使用的字眼。我们通常为必须承受最大压力的角色而竞争，并且因人们知道我们正处在压力之下而高兴。事实上，我们倾向于夸大我们所承受的压力又或者在无形中给自己增加压力。

一位学者说：“当压力来临时，懂得减压的人才是高情商的人。”因此，要正确地看待压力，管理好自己的情绪。有很多人面对压力不是迎难而上，而是闹起了情绪，向别人抱怨、整天闷闷不乐。其实没有必要，你完全可以控制自己的情绪，把这些不必要的想法放在一边，集中精力做重要的事情，这样问题就会一点一点地解决。几乎所有的困难、挫折和不幸都会给人带来心理上的压力和情绪上的痛苦，都会使人面临前进与后退、奋起与消沉的困惑，而关键则在于你是否能控制这种情绪，驾驭你心理上的压力。其实，只要做好自我调节，适当减压，摆正自己的位置，不过高要求自己，也不低估自己的能力，放宽心，多运动，就可以轻松生活。以下介绍几种减压的方法。

1. 音乐治疗

音乐具有安定情绪和抚慰的功效。想尽情地发泄一番，那就听一听摇滚乐吧！想理清一下情绪，那就听听古典音乐吧！买上一两张新碟，把自己关在房间里戴上耳机，你就可以尽情地沉浸在音乐的王国里了。

2. 影视治疗

看电影也是一个很不错的减压方法。有空去电影院看电影是很好的选择。如果觉得自己一肚子的委屈没有地方可以发泄，选一部悲剧片来看看吧，或者在心情烦躁时去看一些喜剧片，“笑一笑，十年少”，压力，在笑声中会消失不见！

3. 户外活动

如果你实在感到压力无处不在，令你喘不过气来，那么选择周末去郊外活动活动吧，一方面可以约上三两个知己一起行动，一边互谈人生，大吐工作中的苦水；另一方面尽情地享受户外清新的空气和美丽的田园景色。让该死的压力滚到一边去吧。

4. 养宠物

回家后，让一只可爱的宠物帮助你忘却压力，再没有比这更好的方法了。科学家认为，养一只狗或是猫确实有好处。抚摸宠物会帮助你降低血压和减缓压力——对于人和动物都一样。当然，对某些人来说，养小猫小狗本身就是一种压力。如果你不喜欢宠物，也可以试着养一对金鱼。研究表明，仅仅是看着鱼在水草中游动，也能使人放松和减轻压力。

5. 开怀大笑

大笑会使人心脏、血压和肌肉的紧张感得到舒缓，从而分散压力。科学家已经发现，大笑具有与有氧健身法相同的功效。当人们笑的时候，其心跳、血压和肌肉的紧张度都会明显上升，接着会降至原先的水平之下。不要犹豫，笑会使人更加放松。

压力其实不是一种客观事实，而是一个主观感受。相同的事在不同的人眼中，会产生完全不同的感受。同样的事在同一个人身上，也可以随着环境、时间转变，而产生不同程度的压力。例如你第一次参加面试时，会紧张得气也喘不过来，但当第十次、第二十次时，你就仿佛如履平地，不费吹灰之力就可以安然度过了。

我们必须接受压力，但是这并不是它原有的特质。如果我们学着了解自己的需要和能力，找到一些控制压力的方法。没有任何事可以让压力上身：我们可以让这种现代恶魔滚一边去。

富兰克林·费尔德说过："成功与失败的分水岭可以用五个字来表达——我没有时间。"当你面对繁重的工作任务感到精神与心情特别紧张和压抑的时候，不妨抽一点时间出去散心、休息，直至感到心情比较轻松后，再回到工作中来，这时你会发现自己的工作效率特别高。紧张过度，不仅会导致严重的精神疾病，还会使美好的人生走向阴暗。只有舒缓紧张情绪，放松自己的心灵之弦，才能在人生的道路上踏歌前进。

面对困境，先安抚情绪

大多数人都有过这样的经历，在学校的时候总是担心自己毕业后找不到工作，整天忧心忡忡；找到工作后又害怕自己在激烈的竞争中被淘汰，天天提心吊胆；有的人还害怕自己没有能力迎接突如其来的困难……

适当的忧虑可以促使人奋发向上，激发向上的原动力。但是，过度忧虑并不可取，它只会让人成天忧心忡忡，久而久之成为习惯，会影响你的心情，改变你的人生轨迹。凡事能够退一步想，不要那么耿耿于怀，忧虑就会减轻不少。只有删除了多余的忧虑，我们的生活才能更加舒畅。比方说今天上班迟到了，也可以安慰自己：说不定上班的人今天都起早了，一路过去都畅通无阻。万一塞车了，老板可能也还没到。

学着安抚自己的不良情绪，你不妨学着给自己写封信，自我对话，让自己更清楚自己。洛就是一个情绪疏导的能手，在她的生活中，任何不好的情绪都可以轻而易举地化解掉。下面就是洛写给自己的一封信，我们可以学习一下。

亲爱的洛：

知悉你最近常常觉得自己是世上最不幸的人：勤勤恳恳加班加点地工作，薪酬却是止步不前；尽心尽力地持家，可家庭矛盾时有发生；真心真意地付出感情，真正交心的朋友却没有一个。这些难道就是你哀叹自己命运无常的理由吗？

洛，你一定还记得诗人朗费罗说过的一句话吧，他说：“你的命运一如他人，每个生命都会下雨。”洛，也许你现在正遭遇“下雨”天，所以你觉得悲伤、难过。但是令人有点忧郁的“雨”有时候却是激发诗人灵感的精灵：雨既有“行宫见月伤心色，夜雨闻铃肠断声”的忧愁美，也有“斜风细雨不须归”的洒脱美；既有“好雨知时节”的赞雨，也有“潇潇冷雨敲庭窗”的贬雨。

正处于人生的风雨期的你，为何不想想风雨过后也许能出现彩虹呢？

人生的每一种境遇都有它到来的理由，不如意也是如此。学着正视不如意，即使前方雨雾迷蒙，也要久久地看，一次又一次地看，用一生的经历来看，看出前方的希望，看看是不是“所有的雨都会停的”，看看雨后的天空是不是更洁净、更美丽。

所以，请不要埋怨命运，请不要让坏情绪左右你，工作虽辛苦，你毕竟还有工作，比起那些失业的人，不是很幸福吗？劳心劳力地拼命工作，说明你还爱着你的工作，比起那些对工作毫无兴趣的人，不是很幸福吗？

看着前方，坚定地行走，即使现在风雨满楼又有何妨！坚定地行走出属于自己的希望。

与你共勉

洛

每个人都有一条引导情绪的线路，指引你离开忧虑和沮丧的风雨天。因此，生活中情绪性的忧虑是多余的。生活中不如意之事很多，只要你善于把握自我，控制好自己的情绪，远离忧虑，迎接阳光灿烂的每一天。

无论是逃避问题还是对问题过分执着，实际上只可能有两种情况。一种是问题并不像我们所想的那么糟，至少没有到无可挽回的地步。只要采取积极正确的态度，问题就会得到解决。这样，我们也就没有什么可忧虑的了。另一种情况是问题的确是超出了我们的能力所能解决的范围。对这种情况，我们就需要乐观一些，就像杨柳承受风雨一样，我们也要承受无可避免的事实。

哲学家威廉·詹姆士说:“要乐于承认事情就是这样的情况。能够接受发生的事实，就能克服随之而来的任何不幸的第一步。”所以，面对困境时，我们首先要做的就是安抚躁动的情绪，让大脑冷静下来，以便找到突破困境的出口。记住，不要做情绪的俘虏，要面对它，打败它。

把焦虑情绪打包寄出去

焦虑是人生的毒药，是滋生无数罪孽和悲惨不幸的温床。在这个不确定的社会里，我们可能已经极度失望，挣扎在痛苦中寻求一些幸福的希望，那么为何还要纵容焦虑来扰乱我们的心灵?告别焦虑，你才能开创新生活。

形形色色的焦虑充斥人们的生活，不胜枚举，它们像细菌一样侵蚀人们的灵魂和肌体，妨碍人们的正常生活，影响人们的身心健康。所以，走向生活，应该从拒绝焦虑开始。

古时候，残忍的将军要折磨他们的俘虏时，常常把俘虏的手脚绑起来，放在一个不停往下滴水的袋子下面，水滴着……滴着……夜以继日，最后，这些不停滴落在头上的水，变成好像是用槌子敲击的声音，使俘虏精神失常。这种折磨人的方法，以前西班牙宗教法庭和希特勒手下的德国集中营都曾经使用过。

焦虑就像不停往下滴的水，而那不停地往下滴的焦虑，通常会使人心神丧失，使人生变得灰暗。

有一个已到知天命之年的老人刘宋玲得了一种怪病——她一听到“饿”字，马上就“饿得前胸贴后背”，即使两小时前她刚吃过饭。她一天吃十多顿饭，但依然感觉饥肠辘辘。

刘宋玲退休后不久，就陷入饥饿感中。“感到饿就吃，才吃一点马上就不饿了，过一会儿，又感到饿。”

刘宋玲说，随着时间的推移，饥饿感的频率和强度不断加强。“吃完饭不到两个小时，又饿得心慌，一听到别人说饿，马上就觉得自己腹中空空，就是晚上，也要爬起来吃上三四顿饭。”刘宋玲痛苦极了。

刘宋玲四处求医，有医生认为她患了胃溃疡，但检查结果是一切正常。日子一天天过去，刘宋玲的饥饿感越来越强烈，已经达到了只要别人一说“饿”字，她就会焦虑得“头发都竖立起来”的状态。她到心理医生那里看病时，还随身携带了大量的方便面、方便粉丝等食品，只要一饿，马上就吃，这一天她吃了13顿饭。

经过心理专家诊断，刘宋玲患的是非常严重的焦虑障碍，主要是对“饿”很敏感，产生了焦虑心理，这也与她一饿就吃，一吃就饱，每次食量只有一点点有关。

确诊后，心理卫生中心的专家用特殊治疗方案对她进行治疗。一周后，刘宋玲的饥饿感不再那么强烈；两周后，饥饿感得到初步缓解；到了第三周，刘宋玲和“饥寒交迫”的日子彻底拜拜了。

专家指出，这种病是心理原因所致，因此，保持一个良好的心态非常重要。

其实，你没有理由焦虑，因为痛苦和沮丧对你而言并不是一种甜蜜的享受，所以今天就下决心与焦虑决裂吧。彻底消除生活中的焦虑，会使你获得一种全新的自由感受。

战胜焦虑的方法之一是客观冷静地分析评估你所处的境遇，确定和估计一下可能发生的最糟糕的结果是什么。通过分析，会发现最坏的结果并没有糟到山崩地裂、地球爆炸的程度，而如果坏事一旦真的发生，你也可以承受它。有意思的是，我们预先担忧的事通常不会发生。就算不幸真的发生了，也往往没有预计中的可怕，损失也并不那么惨重。

其实大灾大祸在你身上发生的概率微乎其微，人们总是习惯花很多时间和精力去担忧也许永远也不会发生的事，其实这真是杞人忧天，完全没有必要。如果你能冷静接受你所遭遇的每一件事，你就没有必要去焦虑。

焦虑是摧毁一切的恶魔，走出焦虑，势在必行。学会去承受发生在你生活中的每一件事，是克服焦虑的最佳方法，要相信自己能够做到，因为你完全能够应付任何事情。

第三节　提防忧郁：阳光心态，灿烂人生

多愁善感是抑郁症的诱因

“多愁善感”是我们常常听到的一个词，通常情况下，我们对这个词是喜爱的，因为它的浅浅的美的意境。

但是，我们却很少把这个词和抑郁情绪联系到一起。其实，从某种程度上讲，多愁善感是抑郁的前期表现。

为什么呢？每个人在生活的道路上，都不是一帆风顺的。我们举个最简单的例子，去看一个很悲伤的电影，你流下了眼泪，这时你的悲伤同情的情绪就是忧郁。但是这是一时性的。我们说的忧郁，大概有一半的不是疾病，可以经过自我调控来解决问题。

现在我们要谈的是忧郁症，这是一个疾病，忧郁症有几个概念。第一，心情很苦闷，很低沉，伴随着很多症状，都是跟着忧郁的苦闷来的，自己觉得前途渺茫，脑子非常迟钝，行动不便，觉得很疲乏，原本高兴的事情现在怎么也高兴不起来了，还有睡

眠常常出现问题，特别是早醒。大家知道睡眠对于一个正常的人来说是很重要的，经过一夜良好的睡眠，第二天心情会愉快。而他早晨起来想到的可能是我今天一天会多么难过，我怎么才能熬过去，种种问题都会出现。

多愁善感作为一种心理疾病，已经日益影响着人们的感情生活和职业生涯。甚至可以说，多愁善感已经成为很多人在生存竞争中失败的主要原因。

多愁善感最早作为疾病被发现，是在公元2世纪的时候，希腊医生、解剖学家加连发现一些病人常常会陷入一种极端消沉的状态，他们感叹生命短暂、人世无常、人生孤独，就连窗前飘落的树叶也会让他们泪水涟涟。这类病人往往先于其他病人死去。于是加连医生把这种现象写进他的著作中，并把它归类于精神疾病。

曾经一度，多愁善感作为敏感、脆弱、富于幻想的人群的重要特质，成为艺术气质的代名词。在欧洲的文艺复兴时代，几乎所有的文学家和艺术家都以多愁善感的敏感神经为荣，自嘲为“忧郁的疯子”。他们是值得同情的一群人，因为即便他们创造了无数的文明遗产，自己却始终处在痛苦的精神折磨中。

生活在当今社会，因为受到一些外界因素的影响，多愁善感是很正常的，随着时间的推移和自我调适，这种情绪很快就能消失。但如果这种情绪长时间挥之不去，并已出现认知偏差，对外界的一切体验就会是悲伤的、消极的，这就应引起足够重视，因为在抑郁状态严重得难以自拔时容易酿成自杀、自伤等悲剧。调查显示，抑郁症患者50%以上有自杀想法，其中有20%最终以自杀结束生命。

当今社会逐步进入了物质时代，多愁善感的性格愈加与社会的发展格格不入。作为从事一般职业的人，多愁善感的人很难晋升到金字塔的顶部；即使作为艺术家，在日趋工业化的市场运作中，阴晴不定的情绪也会成为他们才华为世人接纳的绊脚石。所以，我们要学着让自己开朗一些，多看看美好的事物，多欣赏明朗的色彩，会有助于我们改善多愁善感的性格。

忧郁情绪会给你制造假象

忧郁就好像透过一层黑色玻璃看一切事物。无论是考虑你自己，还是考虑世界或未来，任何事物看来都处于同样的阴郁暗淡的光线之下。一旦戴上这副黑色的滤光镜，你就再也不能在其他的光线下观察任何事物。消极的思想与忧郁相伴，情绪低落导致消极的思想和回忆，反之，消极的思想和回忆又导致情绪低落，如此反复下去，形成一个持久而日益严重的忧郁恶性循环。

吉姆从未被诊断为抑郁症，他甚至没有和医生谈起过自己那些消极的想法或者是经常感到低落的心情。他是成功人士，生活中的一切都很如意，他有什么资格对别人抱怨呢？他只是一味地坐在车里，直到有什么事情令他打开车门走出去。他试图去想想自己的花园以及那些含苞待放的美丽郁金香，但是这些念头只会令他想起自己已经很久没有做清理工作，光是要把院子弄整洁一点的活儿就让他头痛不已。

他想起孩子和妻子，想到晚餐时可以和他们聊聊天，但不知道为什么这个念头只会让他更想早点上床睡觉。

昨晚睡觉前，他本来计划今天早点起床来完成昨天剩下的工作，可是他又起晚了。也许今晚他应该待在办公室，哪怕熬夜也要把所有的事情一次做完。

这样不安的情绪总会围绕着吉姆，吉姆不知道自己的这些不良情绪是从哪里冒出来的，明明他觉得自己是幸福的、成功的，可是，他不快乐。

吉姆的这种症状就是典型的抑郁症，无缘无故的情绪低落，时常感到生命的空虚，体验不到幸福感。这种特殊的心理屏障会改变我们对周围环境的正常感觉。

关琳是机关的女职员。今年27岁的她长相甜美，工资待遇也很优厚，父母疼爱她，她在家里就像一位小公主，这么大了，还时常在父母面前撒娇。

但是关琳的性格很偏执，每隔一段时间，她就会莫名其妙地发脾气，情绪也很低落，有时在单位一个星期都不和同事说一句话。父母了解，自然也不会怪她，可是外面的人不了解，他们以为关琳有些神经质，常常是避而远之。

关琳很苦恼，她不知道自己为什么会这样，她没有什么可以倾诉交谈的朋友，郁闷的时候想找个人聊天都很难。她又不想跟父母说，她觉得自己长这么大了，不应该再为父母添麻烦了。一年前经人介绍和某同事结了婚，但两人感情基础不好，常为一些小事吵架。

因此，两年来她有一种难以言状的苦闷与忧郁感，但又说不出什么原因，总是感到前途渺茫，一切都不顺心，老是想哭，但又哭不出来，即使是遇有喜事，关琳也毫无喜悦的心情。过去很有兴趣去看电影、听音乐，但后来就感到索然无味，工作上亦无法振作起来。

她深知自己如此长期忧郁愁苦会伤害身体，但又苦于无法解脱，并逐渐导致睡眠不好、多噩梦及胃口不好。有时她感到很悲观，甚至想一死了之，但对人生又有留恋，觉得死了不值得，因而下不了决心。

忧郁的人往往选择逃避问题或对问题过分执着，将其看得过于严重，这实际上是给自己增加不必要的精神压力。由于问题难以解决而干脆采取回避态度，但事实上问题依然存在，自己只是在表面上逃避，内心深处还是放不下，难题成为心头的沉重包袱。

美国克莱斯勒公司的总经理凯勒说：“要是我碰到很棘手的情况，只要想得出办法能解决的，我就去做。要是干不成的，我就干脆把它忘了。我从来不为未来担心，因为，没有人能够知道未来会发生什么事情。影响未来的因素太多了，也没有人能说清这些影响都从何而来，所以，何必为它们担心呢？”

不要向自己行窃

你为什么不快乐？你问过自己不快乐的原因吗？还是你一直就没有想过要挣脱消极情绪的锁链，为自己寻找快乐的天空。

一位哲人曾说:“如果我们感到自己可怜，很可能会一直感到可怜。”对于日常生活中使我们不快乐的那些众多琐事与环境，我们可以通过思考的方式使我们感到快乐，这就是，大部分时间想着光明的目标与未来。而对小烦恼、小挫折，我们也很可能习惯性地反映出暴躁、不满、懊悔与不安，这样的反应我们已经“练习”了很久，所以成了一种习惯。

这种不快乐反应的产生，大部分是由于我们把它解释为“对自尊的打击”等这类原因。比如，司机没有必要冲着我们按喇叭；我们讲话时某位人士没注意听，甚至插嘴打断我们；认为某人愿意帮助我们而事实却不然；甚至他人对于事情的合理解释，结果也会伤了我们的自尊。比如，我们要搭的公共汽车竟然迟开；我们计划要郊游，结果下起雨来；我们急着赶搭飞机，结果交通阻塞……这样我们的反应是生气、懊悔、自怜。

有一位心理医生，他每天要看许多病人，并且要很有耐心地倾听病人述说心中的忧郁和焦虑。他每天所接触的人都显得愁眉苦脸，所以，他被那些不快乐的情绪感染得也很不快乐，日子一久，他觉得心中的压力非常大。为了平衡自己的情绪、缓解压力，他时常去看喜剧，目的就是为了让自己开怀大笑一番。

有一天，他正低头在一位病人的病历卡上记录诊断结果，却听到一个很熟悉的声音说:“医生，我很不快乐，生活中没有让我开心的事情，活着实在是没有什么意义，我真想死。”

心理医生抬头一看，却看到一张熟悉的面孔，他居然是让自己捧腹大笑的喜剧演员。这样的巧遇，让他不禁哑然失笑。他低头想了一下说：“这样吧！你我交换一下，我当一天喜剧演员，你当一天心理医生，怎么样？”喜剧演员原本以为这位心理医生在开玩笑，但是看他一脸认真的表情，又不像是开玩笑，于是思考片刻，接受了这个建议。

喜剧演员扮演了一天“代理医师”，除了药方由在幕后的心理医生开列之外，他有模有样地询问病人的病情，并且努力开导病人要寻找一个正确的人生方向。心理医生在喜剧演员的教导之下，也在剧院表演了一幕喜剧。他忘却了自己的医师身份，在舞台上装疯卖傻，惹得观众捧腹大笑。他站在舞台之上，看到台下有这么多的笑脸，他的心情也好极了。之后，两人又恢复了各自的身份。

有一天，喜剧演员又挂号来看心理医师。“医师，我找到了平衡点，现在我知道了，其实我的工作非常有意义，我的每一个喜剧动作所引起的每个笑容都是我的成就。我不想死了，因为我的存在可以帮助那么多不快乐的人，让他们获得心理上的平衡。”喜剧演员容光焕发地说。心理医生微笑着点了点头说：“是啊！我也要谢谢你让我有机会知道，我也有能力制造许多的笑脸。”从此以后，当病人坐在候诊室等候看病时，都能听到由诊疗室中传出来的幽默话语和病人的大笑声。

抑郁不单纯是孤独感，它还是一种自我隔离。我们周围常常有这类人，当生活环境发生重大变化而呈现出巨大反差时，当人生之旅中出现一些变故、遇到一些挫折时，或者仅仅是环境不如意时，便精神不振、心神不定，百无聊赖而焦躁不安，不思茶饭，更无心工作，甚至不想生活，整个儿跌入消极颓丧中。

生活中，抑郁的人不在少数，他们为了生活烦忧，为了工作发愁，为了一切不如意的事情伤身，他们明明知道这样做对自己没有任何帮助，却依旧在坏情绪中深陷。

难道是别人偷走了你的快乐？难道所有不快乐的情绪都是他人造成的？不是，是我们自己，是我们自己固执地把自己关在抑郁的牢笼里，不想出来。所以，我们的世界变小了，快乐变少了，人变得更加消沉，情绪变得更加低落。既然我们了解，为什么不指正自己呢？我就是偷走自己快乐的小偷，如果我们肯改变自己，修正不良情绪，快乐就会重新回到我们身边。

抑郁不是天生的

有抑郁情绪的人说，他是在毫无知觉的情况下，中了抑郁情绪的毒。这并不奇怪，因为很多时候，我们都不知道自己什么时候不知不觉变得抑郁起来。我们所能察觉的是，心情不太好，还有点提不起劲儿……问题或许从这时候起就已经显山露水了，然后我们才会恍然：原来抑郁是从情绪低落开始的。

一位年轻人总觉得自己不够快乐，心情总是莫名的低落，做什么都没有兴致。他决定去拜访一位智者，请他开示。

见到智者之后，年轻人问：“为什么我总是觉得自己不幸福呢？生活中，没有任何事情能让我打起精神来。我如何才能变成一个让自己幸福愉快，也能够给别人带来幸福愉快的人呢？”

智者笑着望着他说：“孩子，你有这样的愿望，已经很难得了。很多比你年长的人，从他们问的问题本身就可以看出，不管给他们多少解释，都不可能让他们明白真正的道理，就只好让他们依然那样。”

少年满怀虔诚地听着，却并不了解智者的意思，于是问道：“可是，我并不幸福啊！我每天看到太阳升起来，就会觉得生命又短了，看到夕阳，又觉得一天又没了。看到花开，担心花谢，看到新生的婴儿，会想到逝去的老人。”。

智者听了，拍了拍年轻人的肩，说：“我送给你三句话。第一句话是，把自己当成别人。你能说说这句话的含义吗？”

年轻人回答说：“是不是说，在我感到忧伤的时候，就把自己当成是别人，这样痛苦就会自然减轻；当我欣喜若狂之时，把自己当成别人，那些狂喜也会变得平淡中和一些？”

智者微微点头，接着说：“第二句话是把别人当成自己。”

年轻人沉思一会儿，说：“这样就可以真正同情别人的不幸，理解别人的需求，而且在别人需要的时候给以恰当的帮助？”

智者两眼发光，继续说道：“第三句话，把别人当成别人。”

年轻人说：“这句话的意思是不是说要充分地尊重每个人的独立性，任何情形下都不可侵犯他人的核心领地？”

智者哈哈大笑：“很好，很好，孺子可教也。”

年轻人这时豁然开朗起来。

情绪是可以转化和化解的。当不好的情绪袭击到我们时，我们要做的是将它移出去，就像那位年轻人领悟到的那样。后来年轻人变成了中年人，又变成了老人。再后来在他离开这个世界很久以后，人们都还时时提到他的名字。人们都说他也是一位智者，因为他是一个愉快的人，而且也给每一个见到过他的人带来了愉快。

抑郁不是天生的，它也不是人类的弱点，也不是意志品格或运气的标尺，但是这个像流感一样不时发作的疾病，为什么如此频繁地光顾这个时代？

我们之所以抑郁，是因为我们缺乏寻找快乐的能力。社会转型期人们对精神和物质追求的严重失衡，是导致诸多精神问题的根源。物极必反，人是精神实体的人，如果长期忽视自己的真实感受，问题就会出来。抑郁症其实不可怕，“抑郁”是人类正常情绪的一种，如果有强大的爱的力量支撑，完全可以走出来。这个爱包含着对自己的尊重和对外在世界的关爱。

社会上普遍存在一种观念误区：认为不遗余力地拼命工作才是值得尊敬和有价值的，但很多人成功了，也感到自己枯竭了。为什么？中国传统道家的思想很有道理：“张而不弛”，某方面的资源就会被耗尽。真正成熟的人懂得调适自己，劳逸结合适度，会宣泄、会娱乐，不迫使自己追求超乎能力的目标。

其实，快乐和幸福有时候十分简单，比如常常笑。这样简单的表情不容易让人忘记。并且它常常能让人保持一种愉快的心情。当这愉快的心情敲击你的心门时，如果不能打开这扇紧闭的心门，你便不能与快乐同在。

人类所有的内在品格，都不能带来幸福，除了令人快乐的愉悦健全的精神。愉快、喜悦和幸福并无先后关系，只要人的本性愉快、喜悦，幸福自然就存在其中了。品格会补偿任何缺憾，就像月亮把影子投在山上，月亮的圆满会漠视崎岖的山川，以其自身的美好而深感幸福。所以，不要被抑郁情绪左右了你，你需要做的是为自己找到一份简单的快乐。

了解抑郁症状，找对方法消除抑郁

抑郁的三大主要症状是情绪低落、思维迟缓和运动抑制。

情绪低落就是高兴不起来、总是忧愁伤感甚至悲观绝望。

思维迟缓就是自觉脑子不好使、记不住事、思考问题困难。人觉得脑子空空的、变笨了。运动抑制就是不爱活动、浑身发懒、走路缓慢、言语少等。严重的可能不吃不动，生活不能自理。

抑郁的表现多种多样，同时具备以上三种典型症状的人并不多见。很多人只具备其中的一点或两点，严重程度也因人而异。心情压抑、焦虑、兴趣丧失、精力不足、悲观失望、自我评价过低等，都是抑郁的常见症状，有时很难与一般的短时间的心情不好区分开来。如果上述的不适早晨起来严重，下午或晚上有部分缓解，那么，你抑郁的可能性就比较大了。

严重的抑郁会导致自杀。

自杀是抑郁症最危险的情况。社会自杀人群中可能有一半以上是抑郁症患者。有些不明原因的自杀者可能生前已患有严重的抑郁症，只不过没被及时发现罢了。由于自杀是在疾病发展到一定的严重程度时才发生的，所以及早发现疾病，及早治疗，对抑郁症的患者非常重要。现代人受社会、生活各方面压力的困扰，生活步调快，得失之间也变得鲜明无比，情绪的震荡常让一些上班族们晃得七荤八素，加上人际间竞争的复杂化，若稍有心理调适不当或外在支持无法配合，极易落入情绪忧郁的恶性循环中，引发失眠抑郁症等心理问题。

失眠抑郁症对人的身体影响丝毫不亚于精神折磨，因此很多病友都在急切地寻找怎样治疗失眠抑郁症见效最快最好的方法。

患有抑郁症的人，不同的人会表现出不同的抑郁状态，如果症状轻微的话，可以尝试自救。以下将介绍 14 项规则，认真遵守，抑郁的症状便会很快消失。

1. 遵守生活秩序，从稳定规律的生活中领会生活情趣。按时就餐，均衡饮食，避免吸烟、饮酒及滥用药物，有规律地安排户外运动，与人约会准时到达，保证 8 小时睡眠。

2. 注意自己的外在形象，保持居室整齐的环境。

3. 即使心事重重，沉重低落，也试图积极地工作，让自己阳光起来。

4. 不必强压怒气，对人对事宽容大度，少生闷气。

5. 不断学习，主动吸收新知识，尽可能接受和适应新的环境。

6. 树立挑战意识，学会主动解决矛盾，并相信自己会成功。

7. 遇事不慌，即使你心情烦闷，仍要特别注意自己的言行，让自己合乎生活情理。

8. 抛弃冷漠和疏远的态度，积极地调动自己的热情。

9. 通过运动、冥想、瑜伽、按摩松弛身心。开阔视野，拓宽自己的兴趣范围。

10. 俗话说："人比人，气死人。"不要将自己的生活与他人进行比较，尤其是各方面都强于你的人，做最好的自己就行了。

11. 用心记录美好的事情，锁定温馨、快乐的时刻。

12. 失败没有什么好掩饰的，那只能说明你暂时尚未成功。

13. 尝试以前没有做过的事，开辟新的生活空间。

14. 与精力旺盛又充满希望的人交往。

此外，我们还可以根据各自不同的情绪反应，对自己施行一些辅助治疗，例如，

1. 心理治疗

以药物治疗为主，心理治疗为辅的综合疗法，是目前临床医学界在考虑怎样治疗失眠抑郁症时的首选方法。在用药物治疗的同时，配合心理治疗主要是用来改变不适当的认知、思考习惯或行为习惯，是一种辅助的治疗方法。

2. 移情治疗

享受阳光和运动的美好，能够让抑郁症患者的心情得到显著的放松。同时培养对新鲜事物的兴趣和爱好，让自己的生活每天都充实、积极，这是患者在寻求怎样治疗失眠抑郁症疗法时，不用花钱自己动手就能办到的方法。

3. 食疗方法

"催眠"食谱：球状莴苣有镇静、安眠的功效，生食、煮汤

或热炒，安神催眠的效果都不错。香蕉的成分里有诱导睡眠的褪黑激素以及天然安眠药色胺酸。

“抗抑郁”食谱：酸枣仁、百合、龙眼、莲子，都有解郁、安神的功效，首乌和桑葚有滋补肝肾之效，可治抑郁症、失眠、健忘、烦躁等症。

抑郁症的内心变化是，全盘否定自己。否定过去：经常想起一些不愉快的往事，总觉得自己对不起别人。否定现在：自我评价低，觉得自己的工作效率低，又浑身是病，是家里人的包袱。否定将来：认为前景灰暗，度日如年，对未来充满了绝望、自责、自罪的情绪，以为自己是个多余的人，只有死了才能解脱。

生活中，因为抑郁而导致的悲剧时有发生，因此，我们要提高对抑郁情绪的重视，采取积极措施进行预防，以免自身受到危害。

第四章

培养黄金心态，修炼成功素质

第一节 乐观心态：你要去相信，没有到达不了的明天

乐观是操之在我的“心造幸福”

怎样才算是乐观？乐观是无论在什么样的情况下，都可以保持良好的心态，在厄运中依然充满快乐的心境。乐观者通常会用快乐去感染他周围的环境。心理学家对快乐的定义是：一种主观上安乐的状态——平衡而满足的内在感受。当我们拥有快乐的时候，会喜爱自己，热爱生活，能够从每一天当中得到乐趣。想拥有幸福，就要懂得为自己争取，有时候，想象幸福，也会把幸福感充盈在内心的。

有个青年，厌倦了生活的平淡，感到一切只是无聊和痛苦。为寻求刺激，青年参加了挑战极限的活动。活动规则是：一个人待在山洞里，无光无火亦无粮，每天只供应5千克的水，时间为整整5个昼夜。

第一天，青年颇觉刺激。

第二天，饥饿、孤独、恐惧一齐袭来，四周漆黑一片，听不到任何声响。于是他有点向往起平日里的无忧无虑来。

他想起了乡下的老母亲不远千里地赶来，只为送一坛韭菜花酱以及给小孙子的一双虎头鞋。他想起了终日相伴的妻子在寒夜里为自己掖好被子。他想起了宝贝儿子为自己端的第一杯水。他甚至想起了与他发生争执的同事曾经给自己买过的一份工作餐……渐渐地，他后悔起平日里对生活的态度来：懒懒散散，敷衍了事，冷漠虚伪，无所作为。

到了第三天，他几乎要饿昏过去。可是一想到人世间的种种美好，便坚持了下来。第四天、第五天，他仍然在饥饿、孤独、极大的恐惧中反思过去，向往未来。

他责骂自己竟然忘记了母亲的生日；他遗憾妻子分娩之时未尽照料义务；他后悔听信流言与好友分道扬镳……他这才觉出需要他努力弥补的事情竟是那么多。可是，连他自己也不知道，他能不能挺过最后一关。此时，泪流满面的他发现：洞门开了。阳光照射进来，白云就在眼前，淡淡的花香，悦耳的鸟鸣——他又迎来了一个美好的人间。

青年扶着石壁蹒跚着走出山洞，脸上浮现出了一丝难得的笑容。五天来，他一直用心在说一句话，那就是：生命是上天赠给我们的美意，活着才是幸福。

我们总是很容易被生活中的琐碎小事所淹没，总会在意那些繁杂的纠葛、苦痛、伤害、低迷等。我们总是埋怨自己的生活不够幸福，却总会忽略一切的一切仅仅是生活中小小的注脚而已，如果我们总是被这些小事所烦忧又怎会有时间体味幸福呢?

有时候我们因为没有明白上天的美意而常常抱怨，以为生活就是一种折磨。可是，当我们放下苦难的包袱，敲开自己的心扉，积极地对待生活中的每一天时，才发现原来生活并非全是苦难，当我们细心品味的时候，就能发现幸福。

许多看似与快乐联系在一起的因素——财富、盛名和好运——其实只是假象。研究人员发现，在富有的美国和欧洲，财富与乐观之间的相互联系微乎其微——事实上几乎没有联系。甚至连那些巨富也比普通人快乐不了多少。

真正的乐观心态，其实与外在无关，它更多地源于内心，源于对自己的肯定。

心境转移，找寻你的快乐

乐观的心态可以成就一个人，悲观的心态可以毁灭一个人。我们不能成为悲观的奴隶，要成为乐观的勇者。在现实生活中，我们经常发现这样的现象，当我们碰到一件事情，如果我们充满乐观与热情，这个事情就会向好的方面发展。而一旦我们觉得悲观失望，尽往坏处想，事情也会越变越糟糕。

如果我们注意的话，一定可以发现在生活里常对你微笑的人很少会是你讨厌的人，而你冷面相对的人可能对你也是心存不良。我们常说“将心比心”用在这儿就特别合适。仔细想想，你的日常生活里是不是常有这样的感受：一大早如果一个可爱的小孩子对你微笑，那这一早晨你的心情也就莫名其妙地好了起来。微笑的力量其实一直以来就存在于我们的生活之中，而且我们也在毫不客气地享受着它带给我们的愉悦，只是我们常粗心地忽略了它的存在，忽略了笑正是表现一个人乐观的最佳方式。

我们的每一天都是崭新的。睁开眼睛，开始新的生活，重新来到这个世界。是开心地过一天，还是悲观地过一天，这是我们自己的权力，可以自己决定。

一个人如果调整好了自己，不但可以轻松地做好自己的事业，而且可以去点燃、感染和激励别人。所以我们要学好的，说好的，做好的，鼓励别人看到事情好的一面，比如说有人丢了东西，你可以说“丢财免灾”；失败了，你可以说“失败了是好事，下次不用犯同样的错，你又多了一个成功的机会”。

我们在传达这样正面想法的时候，一定要对自己有信心，不要说我这个不行那个不好，我没有这个能力之类的话，因为，这本身就是一种悲观心态。其实，我们每一个人天生就是推销员，倾尽一生都在推销自己。积极与乐观，悲观与绝望，都可能会成为我们手里的产品，我们选择怎样去推销这些产品，就等于是在为自己选择一个什么样的人生态度。如果你是积极乐观的，那么你销售的产品就是快乐，这份快乐不仅是属于你的，还可以感染、惠及更多的人。在这个世界上，有许多事情是我们所难以预料的。我们不能控制际遇，却可以掌握自己；我们无法预知未来，却可以把握现在；我们不知道自己的生命到底有多长，但我们可以调整自己的心情。只要活着，就有希望，只要每天给自己一个希望，我们的人生就一定不会失色。

有位医生素以医术高明享誉医务界，事业蒸蒸日上。但不幸的是，就在某一天，他被诊断患有癌症。这对他真是当头一棒，他无法接受这个现实。明明自己是一个医术高明的医生，却对自己无能为力。为此，他曾一度情绪低落，痛苦得几乎无力自拔。

最终他不但接受了这个事实，而且他的心态也为之改变。他认为快乐是自己给的，一颗不快乐的心是不会看到任何希望的。如果自己都不想为自己争取，那么，一切都不会有转机的。

想开了的他开始从改变自己的心境开始，他变得更开朗，变得更宽容，更谦和，更懂得珍惜所拥有的一切。在勤奋工作之余，他从没有放弃与病魔搏斗。就这样，他平安度过了好几个年头，有人惊讶于他的事迹，就问他是什么神奇的力量在支撑着他。这位医生笑盈盈地答道："是希望，每一天睁开眼睛之后，我都给自己一个希望，希望能多治愈一个病人，希望我的笑容能温暖每个人，我让自己的心情从自身的病症上转移开，不去看那些让人不愉悦的事情，就这样，我在一天天变好。"

让自己的心境转移，可以看到更多的希望。

每天给自己一个希望，就是给自己一个目标，给自己一点信心。希望是什么？是引爆生命潜能的导火索，是激发生命激情的催化剂。每天给自己一个希望，我们将活得生机勃勃，激昂澎湃，哪里还有时间去叹息，去悲哀，将生命浪费在一些无聊的小事上？生命是有限的，但希望是无限的，只要我们不忘每天给自己一个希望，我们就一定能够拥有一个丰富多彩的人生。

乐观心态，引导好人生

学着做一个乐观的人，任何时候都不要对生活失望。要明白乐观之于我们的重要性，它可以让我们时刻感受到生命的美好并且对未来充满希冀。

乐观的人遇到挫折，总会把它变为一种转折。而乐观并不等于不切实际的幻想，也不意味着否认问题的存在，或逃避直面痛苦的责任。它是一种思维方式，也是一种面对挑战的态度。乐观可以使我们看到：未来是有希望的，也是可以去争取的，它促使我们说“我能”，而不是“我不能”。它让我们看到一只半满的杯子，而不是半空的杯子。

一位著名的政治家曾经说过：“要想征服世界，首先要征服自己的悲观。”在人生中，悲观的情绪笼罩着生命中的各个阶段，青春时期更是不可避免。战胜悲观的情绪，用开朗、乐观的情绪支配自己的生命就会发现生活有趣得多。悲观是一个幽灵，能征服自己的悲观情绪便能征服世界上的一切困难之事。人生中悲观的情绪不可能没有，重要的是我们要有击败它、征服它的决心。

战争时期，一位女士在庆祝盟军在北非获胜的那一天收到了国际部的一份电报。电报上说她最爱的小儿子死在战场上了。她无法接受这个事实，她决定放弃工作，远离家乡，把自己永远藏在孤独和眼泪之中。

正当她清理东西，准备辞职的时候忽然发现了一封早年的信，那是她的儿子在她母亲去世时写给她的。信上这样写道：亲爱的妈妈，我知道你会撑过去。我永远不会忘记你曾教导我时说过的话：不论在哪里，都要勇敢地面对生活。妈妈，我永远记着你的微笑，像男子汉那样，能够承受一切的微笑。

她把这封信读了一遍又一遍，似乎儿子就在她身边，仿佛有一双炽热的眼睛望着她：你为什么不照你教导我的去做。

这位女士看完这封信之后，打消了辞职的念头，她一再对自己说：我应该把悲痛藏在微笑下面，继续生活，我没有能力改变现实，但我有能力继续生活下去。

人生在世不如意事十之八九。倘若把不如意的事情看成是自己构想的一篇小说，或是一场戏剧，自己就是那部作品中的一个主角，心情就会变好许多。一味地沉入不如意的忧愁中，只能使不如意变得更不如意。既然悲观于事无补，那我们何不用乐观的态度来对待人生，守住乐观的心境呢？

用乐观的态度对待人生，可看到“青草池塘处处蛙”“百鸟枝头唱春山”，用悲观的态度对待人生，举目只是“黄梅时节家家雨”，低眉即听“风过芭蕉雨滴残”。譬如打开窗户看夜空，有的人看到的是星光璀璨，夜空明媚；有的人看到的是黑暗一片。一个心态正常的人可在茫茫的夜空中读出星光的灿烂，增强自己对生活的自信，一个心态不正常的人让黑暗埋葬了自己且越葬越深。

用乐观的态度对待人生就要微笑着对待生活，微笑是击败悲观的最有力武器。无论生命走到哪个地步，都不要忘记用自己的微笑看待一切。微笑着，生命才能征服纷至沓来的厄运；微笑着，生命才能将不利于自己的局面一点点打开。

守住乐观的心境实在不易，悲观在寻常的日子里随处可以找到，而乐观则需要努力，需要智慧，才能使自己保持一种人生处处充满生机的心境。悲观使人生的路愈走愈窄，乐观使人生的路愈走愈宽，选择乐观的态度对待人生是一种机智。

乐观，让你成为你想成为的人

你对你的人生有怎样的规划，你渴望自己成为怎样的人？

很多人在初入社会时都是信心满满，意气风发，可一旦遇到重大的打击或者遭遇惨痛失败的时候，有多少人能做到迎难而上，接受命运的挑战？生活总是充满苦难和磨炼的，而充实的生命，幸福的人生，需要能够忍受寂寞，忍受他人的恶意羞辱，忍受生活的磨炼，在忍耐中坚强，在坚强中成长。

要知道，这世界上，没有随随便便的成功，只有不畏艰难，勇于向命运宣战的人才能够品尝到成功的果实。

美国前总统克林顿所取得的成就是有目共睹的，但是，这样成功的一个大人物，他的童年却是很不幸的。在他还没有出生的时候，父亲在一场车祸中丧生。他母亲因无力养家，只好把出生不久的他托付给自己的父母抚养。童年时期，克林顿受到外公和舅舅的深刻影响。他自己曾说，他从外公那里学会了忍耐和平等待人，从舅舅那里学到了说到做到的男子汉气概。

在克林顿七岁的时候，他离开了外公家，跟随母亲和继父迁往温泉城。生活似乎不打算厚爱这个可怜的孩子，重新建立的家庭并不幸福，母亲和继父常常因为意见不合而发生激烈冲突。继父嗜酒成性，酒后经常虐待克林顿的母亲，有时还会对克林顿拳脚相加。这给从小就寄养在亲戚家的克林顿的心灵蒙上了一层阴影。

坎坷的童年生活使克林顿形成了不向命运低头的乐观性格。

他在中学时代非常活跃，一直积极参与班级和学生会活动，并且有较强的组织和社会活动能力。他是学校合唱队的主要成员，而且被乐队指挥定为首席吹奏手。

1963年夏，他在“中学模拟政府”的竞选中被选为参议员，应邀参观了首都华盛顿，这使他有机会看到了“真正的政治”。参观白宫时，他受到了肯尼迪总统的接见，不但同总统握了手，而且还和总统合影留念。

此次华盛顿之行是克林顿人生的转折点，使他的理想由当牧师、音乐家、记者或教师转向了从政，梦想成为肯尼迪第二。

有了目标和坚强的意志，克林顿此后30年的全部努力，都紧紧围绕这个目标。上大学时，他先读外交，后读法律——这些都是政治家必须具备的知识修养。离开学校后，他一步一个脚印：律师、议员、州长，最后达到了政治家的巅峰——总统。

人都希望在一个平和顺利的环境中成长，但命运并不喜爱安逸的人们，他要挑选出最杰出的人物，让这部分人历经磨难，千锤百炼终成金。一位大学者说过：“苦难是一所学校，真理在里面总是变得强有力。”每一个渴望成功的人都需要到其中接受教育。

历经风雨的洗礼，忍耐苦难的磨炼，生命才能常驻常新。

同样的事情不同的态度就会产生不同的结果，乐观的心态带来生命的重生，悲观的心态导致生命的终结。为什么我们不能给自己的思维转个身呢？任何事物都有一体两面，塞翁失马，焉知非福？苦难照旧可以为成功助推。

改变你的消极心态，建立一种乐观向上的积极心态，你就可以使你的一生发生改观。具有乐观精神的人，在为人处世方面更容易获得成功。一个人只有保持乐观的心态，在生活中，才能摆正目光的焦点，才会有完整的自我、积极的创造，才会有和谐的人际关系。

跌倒了站起来，一直向前看

一个乐观的人，在任何环境中都可以找到生活的勇气、希望和阳光。只要有一颗乐观的心，只要保持着乐观的心态，无论生活的现实如何残酷，都不能把你击垮，反而会让你更加坚强。用这样一颗心去努力生活，生活的阴霾很快便会过去，迎来灿烂而温暖的阳光。

在加拿大温哥华曾经有这样一个女人，她已经34岁了，过着平静、舒适的家庭生活。但是，灾难如同暴风雨一般不期而至，不断打击着女人脆弱的神经。丈夫在一次事故中丧生，留下两个小孩。没过多久，女儿被烤土司的油脂烫伤了脸，医生告诉她孩子脸上的伤疤恐怕无法完全去除，母亲为此伤透了心。为了支撑这个被灾难打击得支离破碎的家庭，她在一家小商店找了份工作，可没过多久，这家商店就关门倒闭了。丈夫给她留下一份小额保险，但是她耽误了最后一次保费的续交期，因此保险公司拒绝支付保费。

接踵而来的不幸，让女人近于绝望。她左思右想，为了自救，她决定再做一次努力，尽力拿到保险补偿。在此之前，她一直与保险公司的下级员工打交道。她想与经理当面进行交涉，但一位接待员告诉她经理出去了。她站在办公室门口无所适从，就在这时，接待员离开了办公桌。机遇来了。她毫不犹豫地走进里面的办公室，结果，看见经理独自一人在那里。经理很有礼貌地问候了她，她受到了鼓励，沉着镇静地讲述了索赔时碰到的难题。经理派人取来她的档案，经过再三思索，决定应当以德为先，给予赔偿，虽然从法律上讲公司没有承担赔偿的义务。工作人员按照经理的决定为她办了赔偿手续。

就如灾难突然来临一样，好运也突如其来地降临，而且似乎并不止一个。经理尚未结婚，对这位年轻女人一见倾心。他给她打了电话，几星期后，他为女人推荐了一位医生，医生为她的女儿治好了病，脸上的伤疤被清除干净；经理通过在一家大百货公司工作的朋友给女人安排了一份工作，这比以前那份工作好多了。女人也迎来了她生命的第二春，面对经理的殷殷情意，女人感动万分，并与之渐渐情投意合。几个月后，他们结为夫妻，而且婚姻生活相当美满。

只要你坚信黑夜的尽头有光明，你就一定可以看到生命的曙光。故事中的年轻女人没有被灾难击垮。跌倒后，她选择一次又一次地站起来，勇敢地面对生活、面对困苦，终于，她的坚持为她赢得了一份属于自己的幸福。

其实，每个人的一生似乎都在不断爬坡，一路跌跌撞撞地爬行着，总以为前面不远处就是幸福，当你爬到一个高点后，以为那就是幸福；可在命运的牵引下，你又向另一个高坡爬去，于是，总也无法把幸福握在手中，这就是人生。在人生的道路上，我们艰辛地行走，那沿途的酸甜苦辣，亲人的生离死别，都会刻进你有限的生命里。这世上不是缺少幸福，而是缺少感受幸福的心灵，当你学会用心去感受别人对你的爱，再用爱心去回馈社会时，在付出与收获的重叠中品尝到的那滋味就是幸福。

因此，对于灾难，如果我们抱着平和之心，平常看待，总会出现转机。因为，我们要知道，一切事情都可以从头再来，只要我们还存在，所有的失败都只是暂时的，只要我们对自己有信心，敢于从跌倒的地方站起来，继续前行，就一定可以收获成功的鲜花和掌声。

第二节　感恩心态：有一种幸福叫感恩

感恩带来机遇

“滴水之恩，当涌泉相报”；“谁言寸草心，报得三春晖”；“谁知盘中餐，粒粒皆辛苦”；“吃水不忘打井人”……我们小时候背诵的诗句，讲的就是要感恩。滴水之恩，涌泉相报；衔环结草，以报恩德，中国绵延多少年的古老成语，告诉我们的也是要感恩。但是，这样的古训并没有渗进我们的血液，有时候，我们常常忘记了，无论生活还是生命，都需要感恩。

心存感恩，你才能收获更多的温暖。机遇通常青睐那些懂得感恩的人。

江城是一个程序员，在一家软件公司工作了六年，他一直以为自己将在这里做到退休，然后拿着优厚的退休金颐养天年。计划总是赶不上变化，不幸的是，这一年公司倒闭了。

作为家里的顶梁柱，江城意识到，重新工作迫在眉睫；身为丈夫和父亲，他很清楚自己的义务和责任。他在心里向妻子和孩子承诺，一定要让他们过得更好。

江城每天都要参加很多面试，生活也开始变得凌乱不堪。可是，一个月过去了，他还没找到工作。除了编程，他一无所长。

终于，他在报上看到一家软件公司要招聘程序员，待遇不错。江城揣着资料，满怀希望地赶到公司。刚到那家公司门口，他就看到应聘的人已经排起了长队，人数超乎他的想象，江城深知这次竞争将会异常激烈。

凭着过硬的专业知识，笔试中，江城轻松过关。之后将要面临的就是两天后的正式面试了，但江城一点儿也不感到恐慌，他对自己六年的工作经验无比自信，坚信面试不会有太大的麻烦。

让江城想不到的是，到了正式面试的时候，考官的问题是关于软件业未来的发展方向，这些问题他竟从未认真思考过。

江城觉得公司对软件业的理解，令他耳目一新，虽然应聘失败，可他感觉自己收获不小，所以，他认为有必要给公司写封信，以表示感谢。回到家后，他就立即提笔写道："贵公司花费人力、物力为我提供了笔试、面试的机会，虽然没有得到录用，但通过应聘经历使我大长见识，获益匪浅。真诚地感谢你们为之付出的劳动，谢谢！"

这是一封与众不同的信，落聘的人没有不满，毫无怨言，竟然还给公司写来感谢信，真是闻所未闻。这封信被层层上递，最后送到总裁的办公室。总裁看了信后，一言不发，把它锁进抽屉。

一个月后，新年来临，江城收到一张精美的新年贺卡，上面写着：尊敬的江城先生，如果您愿意，请和我们共度新年。江城看着寄信地址，一时间感动极了，原来这张贺卡是他上次应聘的公司寄来的。

感恩，是一种发自内心的情感，它具有很强的感染力。一封感谢信，说来并不是什么重要的物件，但是，一个前来应聘未被录用的人，不仅不埋怨，反而诚挚地道谢，对于这家公司来说，他们更能看到这个应聘者的自身质素。因为，感恩，是一个人良好人生态度的极大体现。江城用自己的感恩之情为自己创造了一个难能可贵的工作机会。

存有一颗感激之心，时时对自己的现状心存感激，同时也要对别人为你所做的一切怀有敬意和感激之情。懂得感恩，感激别人，感激社会，个人容易获得满足，比较容易获得幸福。同样，你感激别人，别人也会感激你，让你获得幸福。心是相互传染的，如果自己感恩会引发更多感恩，自己付出会引发别人付出。相反，如自己计较也会引发别人计较，自己索取也会引发别人索取。

所以，种下一颗感恩的种子，让它发芽结果、繁衍传播。

这个世上没有谁能够随随便便成功，许多成功的企业家在成功之初，都经受过许多挫折和失败。不同的是他们不会盲目地抱怨命运、抱怨他人，而是怀着一颗感恩的心来检视自己，对自己做出正确的评估，之后，他们会感谢曾经的失败带给他们的经验。如果你现在正饱受折磨，不要埋怨，而应该学会感谢，感谢他们促进你不断进步并将你推向成功。

始终不变向善的心

有善心的人才懂得感恩。选择一种向善的生活，其实也是选择一种充满希望的生活，将我们的每一点积累，每一步前行，都朝着幸福和快乐的方向，并在沿路途中随时拥有和享受不期而至的快乐。使得自己的快乐有人分享，也使得我们能够分享到他人的快乐。选择一种向善的生活，既是为了自己，也是为了别人。善和恶并不都是一个巨大的结果，往往只是点点滴滴的积累。所以，古人说：“莫以善小而不为，莫以恶小而为之。”

“人性向善”是一种人生哲学的阐述，是一种可以选择的人生态度。哲学说起来复杂，其实也很简单。哲学的意义就在于能够帮助我们快乐地生活。这个世界有黑暗、有美好，而人的内心世界都在渴望着关怀和友爱；有一颗容易被感动的心，所以在很多看似当仁不让、舍我其谁的场合，最终的胜利者往往是用善心焕发出感动，是一种无须言传的沟通。但愿人人都拥有一颗向善的心。它使人生更有意义，使社会更安宁、更温暖也更和谐。

一个周末的晚上，松树堡的寡妇正和她5个年幼的儿女围坐在火堆旁。虽然和孩子们说笑着，但她心里却愁云密布。在这个广阔却寒冷的世界里，她没有一个朋友，没有任何人可以依靠。这一年来，她一个人用那双瘦弱的双手支撑着整个家庭。

如今正属寒冬，森林早已披上了洁白的银装，北风吹得松枝哗哗作响，连她的小屋也颤动起来。屋内的火堆上正烤着一条青鱼，这是他们全家唯一的一点食物。当她看到孩子们欢笑的脸庞时，心里便充满了无限的凄楚和焦虑。是的，她相信上帝一直保佑着她，并了解她的疾苦和贫困，她也知道上帝曾经答应帮助那些孤儿寡母，而上帝绝不会食言，可她现在仍然感到万分的凄苦和无助。

许多年之前，她最大的儿子就离开家庭，到遥远的地方去寻找宝藏，从此便杳无音讯，再没回来过。不久，上帝派死神带走她的伴侣和依靠——丈夫。但她从来都没有沮丧过，一直艰辛地劳动，不仅供养着自己的孩子，还不时地帮助其他的穷人。

她刚把这最后的食物放在桌上，就听到一阵敲门声和狗叫声。全家的注意力都被吸引了过来，孩子们争先恐后地跑去开门。门口站着位十分疲倦的旅人，他衣衫褴褛，但十分健康。旅人走进屋，请求留宿一夜，并想要一些吃的。他说："我一整天滴水未进了。"寡妇听了十分难过，现在她心里关心的不只是自己的事了。她毫不犹豫地把最后一点食物分了一份给旅人，并微笑着告诉孩子们："我们绝不会因为这小小的善举而被遗弃，也绝不会因此陷入更深的困苦之中。"

旅人于是来到盘子旁，当他发现盘中的食物少得可怜时，抬头惊奇地望着这一家人："天啊，你们只有这一点食物吗？"他叫道，"却仍然把它分给一个陌生人？你们真是太善良了。可是，你们慷慨地分给我最后一点食物，这些可怜的孩子不就要挨饿吗？"

"是啊！"寡妇忽然泪流满面，"可我还有一个儿子，如果他还没有被上帝带走的话，现在不知在世界的哪个角落。我如此待你，也祈祷别人能如此待他。上帝的仁爱遍施大地，他会保佑我们。就是此刻，我的儿子可能也在四处流浪，和你一般疲惫饥饿，我只希望他能被一户人家所收留，即使这户人家和我们一样的贫困。因此我又怎能背叛上帝，不真诚地收留你呢？”

寡妇刚说完话，旅人便激动地跑过去抱住了她。“上帝果真使你儿子被一个善良的家庭所收留，并且赐予了他财富，使他能感谢真诚收留他的人。我的妈妈！哦，亲爱的妈妈！”原来旅人正是寡妇多年未见的大儿子，他刚从印度归来。

故事中的女主人给我们上了一堂人生哲理课，她向我们展现了人性中的善和美。使得我们感悟到：人生一善念，吉神已随之，善行必有善报。人活着应该有助于人，真诚待人，只有这样，才能得到别人的帮助和尊敬，才能感到真正的快乐，才能获得自己的幸福。

一位哲学家一次问他的学生们：“世界上最可爱的东西是什么？”学生听了，便争先恐后地站起来回答。最后一个学生回答道：“世界上最可爱的东西，是善。”哲学家说：“的确，你所说的‘善’这个字包含了他们所有的答案。因为善良的人，对于自己，他能够自安自足；对于别人，他则是一个良好的伴侣，可亲的朋友。”

如果一个人能够大彻大悟、尽力为他人服务，他的生命将来也必定有惊人的发展。人生的美德没有再比善良来得更宝贵了。给别人以帮助和鼓励，自己不但不会有损失，反而会有所收获。通常，一个人给别人的帮助和鼓励越多，从别人那儿得到的收获也越多。而那种吝啬的人，对他人不表同情、不予帮助的人，无异使自己陷于孤独无助的境地。

一份善行播出去，将会有无数善行返回来；赠予别人一份祝福，就会收获更多的祝福。善，是人间温暖的所在，也是一个人幸福的源泉。善良是人生当中最宝贵的财富，这种财富要比千万元的家产有价值得多。而且拥有这种财富的人，即使没有一分钱的资本，也能做出伟大的事业。

一杯牛奶的价值

你无意间的一次善举，就会让世界多一个懂得感恩的人，有位名人说：人活着应该让别人因为你活着而得到益处。的确，学会给予和付出，你会感受到舍己为人，不求任何回报的快乐和满足。一位儿童教育家说："只知索取，不知付出；只知爱己，不知爱人，是当前独生子女的通病。"学会付出是人类光辉灿烂人性的体现，同时也是一种处世智慧和快乐之道。

即使你拥有金钱、爱情、荣誉、成功和刺激，也许你还不会有快乐。快乐是人生的至高追求，只有给予和付出，你才能实现这一追求。

海伦·凯勒曾说："任何人出于他的善良的心，说一句有益的话，发出一次愉快的笑，或者为别人铲平粗糙不平的路，这样的人就会感到欢欣是他自身极其亲密的一部分，以致使他终身去追求这种欢欣。"的确，在生活中，从一个表情、一句问候、一个眼神、一件小事开始，学会付出，善意地看待这个世界，快乐会时时与我们相伴。因为，我们的每一次付出，都让世界变得更有希望，在付出和接受之间，感恩的心理就已经建立了。说到底，拥有快乐其实很简单。对此，还是罗曼·罗兰说得精彩："快乐不能靠外来的物质和虚荣，而要靠自己内心的高贵和正直。"

付出爱心的同时，你就已经种下了希望。其实，这是每一个人都明白的道理，帮助自己的唯一方法就是去帮助别人。爱心就像是一颗种子，在你选择播种的时候，就注定会有硕果累累的一天，就能品尝到丰收的喜悦。

一天，一个贫穷的小男孩为了攒够学费正挨家挨户地推销商品。劳累了一整天的他此时感到十分饥饿，但摸遍全身却只有一角钱。怎么办呢？他决定向下一户人家讨口饭吃。当一位美丽的女孩打开房门的时候，这个小男孩却有点不知所措了，他没有要饭，只乞求给他一口水喝。这位女孩看到他很饥饿的样子，就拿了一大杯牛奶给他。

男孩慢慢地喝完牛奶，问道："我应该付多少钱？"女孩回答道："一分钱也不用付。妈妈教导我们，施以爱心，不图回报。"男孩说："那么，就请接受我由衷的感谢吧！"说完男孩离开了这户人家。此时，他不仅感到自己浑身是劲儿，而且还看到上帝正朝他点头微笑。其实，男孩本来是打算退学的。

数年之后，那位女孩得了一种罕见的重病，当地的医生对此束手无策。最后，她被转到大城市医治，由专家会诊治疗。当年的那个小男孩如今已是大名鼎鼎的霍华德·凯利医生了，他也参与了医治方案的制定。当看到病历上所写的病人的来历时，一个奇怪的念头霎时间闪过他的脑际，他马上起身直奔病房。

来到病房，凯利医生一眼就认出床上躺着的病人就是那位曾帮助过他的恩人。他回到自己的办公室，决心一定要竭尽所能来治好恩人的病。从那天起，他就特别地关照这个病人。经过艰辛努力，手术成功了。凯利医生要求把医药费通知单送到他那里，在通知单的旁边，他签了字。

当医药费通知单送到这位特殊的病人手中时，她不敢看，因为她确信，治病的费用将会花去她的全部家当。最后，她还是鼓起勇气，翻开了医药费通知单，旁边的那行小字引起了她的注意，她不禁轻声读了出来："医药费——一满杯牛奶。霍华德·凯利医生"

很普通的一杯牛奶，在给予的人心里，它或许是微不足道的举手之劳；在被给予的人心里，它却是世间最珍贵的无价之宝。

人的一生，不可能都一帆风顺，不需要任何人的帮助。对于那些帮助我们的人，我们要懂得感恩；对于那些需要我们帮助的人，我们要懂得悲悯。梵界讲究善恶轮回，因果报应。其实在现实生活中，这种所谓的"因果报应"只不过是心存感激的受惠者对施惠者的一种报偿面已。对他人施予善行，往往能收获比别人更加丰厚的回报。明智的父母都懂得让孩子奉献自己的爱心，帮助别人。帮助别人，就是帮助自己，而我们为别人付出的时候，本身就体验到了生命的快乐和富足。

只有你付出爱心，你才能收获希望。只有在别人困难的时候，毫不犹豫地伸出救援的双手，在你困难时，你才能得到更多的帮助。

学会感恩，你将拥有更多

在一个小镇上，饥荒让所有贫困的家庭都面临着危机，因为对于他们来说，最起码的温饱问题都难以解决。小镇上最富有的人要数面包师卡尔了，他是个好心人。为了帮助人们渡过饥荒，他把小镇上最穷的20个孩子叫来，对他们说："你们每一个人都可以从篮子里拿一块面包。以后你们每天都在这个时候来，我会一直为你们提供面包，直到你们平安地渡过饥荒。"

那些饥饿的孩子争先恐后地去抢篮子里的面包，有的为了能得到一块大点的面包甚至大打出手。他们心里只想着要得到面包，当他们得到的时候，立刻狼吞虎咽地把面包吃完，甚至都没想到要感谢这个好心的面包师。面包师注意到一个叫格雷奇的小女孩儿，她穿着破旧不堪的衣服，每次都在别人抢完以后，她才到篮子里去拿最后的一小块面包，她总会记得亲吻面包师的手，感谢他为自己提供食物，然后才拿着它回家。面包师想："她一定是回家和自己的家人一起分享那一小块面包，多么懂事的孩子呀！"

第二天，那些孩子和昨天一样抢夺较大的面包，可怜的格雷奇最后只得到了昨天一半大小的面包，但她仍然很高兴。她亲吻过面包师的手后，拿着面包回家了。到家后，当她妈妈把面包掰开的时候，一个闪耀着光芒的金币从面包里掉了出来。妈妈惊呆了，对格雷奇说："这肯定是面包师不小心掉进来的，赶快把它送回去吧。"

小女孩儿拿着金币来到了面包师家里，对他说："先生，我想您一定是不小心把金币掉进了面包里，幸运的是它并没有丢，而是在我的面包里，现在我把它给您送回来了。”

面包师微笑着说：“不，孩子，我是故意把这块金币放进最小的面包里的。我并没有故意想要把它送给你，我希望最文雅的孩子能得到这块金币，是你选择了它，现在这块金币是属于你的了，算是对你的奖赏。希望你永远都能用感恩的心去面对每一件事。”

要想拥有幸福的生活，首先要怀有一颗感恩的心。一个不知道感恩的人，他的生活会因此而缺少快乐，他将无法融入社会大家庭，甚至会做出危害社会的行为。有一颗感恩的心，才更懂得尊重，尊重生命、尊重劳动、尊重创造。感受和感激他人恩惠的能力，是个人维护自己的内心安宁感、提高自己的幸福充裕感必不可少的心理能力。

李嘉诚早年由于生计所迫，14岁时就到港岛西营盘的春茗茶楼当了一名小伙计。在这间茶楼，发生了一次使李嘉诚终生难忘的“饭碗危机”。一位生意人在大谈生意经，李嘉诚听得入迷，竟忘了伺候客人茶水。待听到大伙计叫唤，才慌里慌张地持茶壶为客人冲开水，结果不小心洒到茶客的裤脚上。老板立即跑过来，正待斥责李嘉诚，不料那生意人茶客却为李嘉诚开脱说：“不怪他，是我不小心碰了他。”

茶客走后，老板对李嘉诚说：“我知道是你把水淋到了客人的裤脚上。以后做事千万得小心，万一有什么错失，要赶快向客人赔礼，说不定就能大事化小。这客人心善，若是恶点，不知会闹成什么样子。开茶楼，老板、伙计都难做。”李嘉诚的母亲知道后，说：“菩萨保佑，客人和老板都是好人。”她又告诫儿子，“种瓜得瓜，种豆得豆”“积善必有善报，作恶必有恶报”。

李嘉诚从此再也没见过那位好心的茶客，他成为巨富后对友人说：“这虽然是件小事，在我看来却是大事。如果我还能找到那位客人，一定要让他安度晚年，以报他的大恩大德。”

感恩，让我们收获了快乐。你很难想象一个小肚鸡肠、经常为一点小事斤斤计较的人会与快乐结缘。在这个世界上没有不幸福的人，只有自己不肯快乐的心。快乐的秘诀是什么呢？就是付出的多一些，收回的少一些；奉献的多一些，计较的少一些。

这世间难免有不平事，但你若是忽略不计，那它怎会在你的心间留下痕迹？尝试着用感恩的心去填充你快乐的背囊吧，当你的背囊渐渐充实，也预示着你找到了快乐的根源。人们常说要懂得感恩，感恩是一种心态，是对生活发自内心的热爱。无论处在多么恶劣的境地，感恩者都会记住自己拥有的那份爱，人生旅途繁杂，不要忘记带上一颗感恩的心上路，这样你才会珍惜生命里拥有的东西，使内心得到安宁，使精神得享愉悦。

第三节　务实心态：每天进步一点儿点儿

务实是对自己的一种“诚信”

人最可怕的，不是不知道，而是不知道自己有什么不知道，以为自己什么都懂。这样的人就永远不会进步，就像老爱欣赏自己脚印的人，只会在原地绕圈子，步井底之蛙的后尘。

一次，苏格拉底的弟子聚在一块儿聊天，一位出身富有的学生，当着所有同学的面，夸耀他家在雅典附近拥有一片广阔的田地。

当他在吹嘘的时候，一直在旁边不动声色的苏格拉底拿出一张地图说：“麻烦你指给我看，亚细亚在哪里？”

“这一大片全是。”学生指着地图洋洋得意地说。

“很好！那么，希腊在哪里？”苏格拉底又问。

学生好不容易在地图上找出一小块来，但和亚细亚相比，实在是太微小了。

“雅典在哪儿？”苏格拉底又问。

“雅典，这就更小了，好像是在这儿。”学生指着一个小点说着。

最后，苏格拉底看着他说：“现在，请你指给我看，你那块广阔的田地在哪里呢？”

学生满头大汗也没找到，他的田地在地图上连一丝影子也没有。他很尴尬地回答道：“对不起，老师，我错了！”

自大的“井底之蛙”对于世界的看法往往是局限而肤浅的，他们仅仅通过感觉、知觉、表象等不可靠的感性认知，对事物或形势进行表面性的判断，盲目地、自以为是地相信自己，最后的结果往往与预期的相去甚远，甚或截然相反。

自大是对自我的片面认识。他们缺乏自知之明，把自己的长处看得十分突出，对自己的能力评价过高，对别人的能力评价过低，自然产生自大心理。自大的人往往好大喜功，取得一点小小的成绩就认为自己了不起，成功时完全归因于自己的主观努力，失败时则完全归咎于客观条件的不合作，过分的自恋和以自我为中心，让他们跳不出自己的“浅井”。这其实是一种自欺欺人的行为，是对自己的不诚实。

对自我都缺乏诚信的人，他的精神和心灵上是盲目的，就像失去了双眼一样。

要摆脱盲目的自大，跳出自己的“井底”，首先就要有务实的心态。也许你还未真正认识自己，接纳别人，但与他们不同的背景将使你接纳许多不同的事物，试着改变自己，这样你就能更冷静地面对这个世界了。

比尔·盖茨说：“如果我们有了一点成功便觉得了不得，这是很不好的。但是假如在我们为自己的成功自鸣得意时，有一个人来教训我们一番，那我们就很幸运了。”

与人交往时，要平等相处。如果一味地把自己看成世界主宰者，无论在观念上还是行动上都无理地要求别人服从自己，就很难取得成功。平等相处就是要求自大者能够踏实下来，在人生之路上一步一个脚印，降低自己的身段与人平等交往。

认清自我，这是自大者最需要了解和办到的事情。要全面地认识自我，既要看到自己的优点和长处，又要看到自己的缺点和不足，不可一叶障目，不见泰山，抓住一点不放，未免失之偏颇。认识自我不能孤立地去评价，应该放在社会中去考察，每个人生活在世上都有自己的独到之处，都有他人所不及的地方，同时又有不如人的地方，与人比较不能总拿自己的长处去比别人的不足，把别人看得一无是处。

认清自我，还要以发展的眼光看待自我。既要看到自己的过去，又要看到自己的现在和将来，辉煌的过去可能标志着你过去是个英雄，但它并不代表着现在，更不预示着将来。

跳出夸张的自我意识，不要让不切实际的想法遮蔽住自己的眼睛，用务实的心态面对自己，面对世界，给自己一份诚信，你就可以看得更高，走得更远。

认清自我，知道自己能做什么

有些人在安排工作时，或急于出成绩，或急于树形象，或心情浮躁，或好大喜功，因此往往只注重喊一些激动人心的“口号”，做一些引人注目的“宣传”，发一些空洞无物的“指示”，而对于工作落实的具体方法、关键措施、意见建设，往往很少花心思、动脑筋、费精力，在“口号”上雷声大，在落实上雨点小，必然导致结果上的不尽如人意，最终走向失败的结局。

创建于1995年的“红高粱”在郑州开出第一家中式快餐店获得成功以后，创始人乔赢便以“挑战麦当劳”的口号一夜成名，被冠以“中国连锁快餐领头羊”的名号。伴随着知名度的上升，红高粱开始了高速的连锁扩张，在资金不足的情况下，两年中先后在深圳、上海等20多个城市发展了50多家连锁店。由于企业扩张太快，资金和管理能力却准备不足，红高粱陷入资金危机，管理上也趋于失控，各地的连锁店已经无法统一管理，产品质量无法保证，最终导致红高粱在客源流失和资金缺乏的情形下，于1998年倒闭，乔赢也因为被控非法集资而锒铛入狱。

除了“红高粱”的惨败之外，“荣华鸡”的退出也同样引人注目。“肯德基开到哪儿，我就开到哪儿”是1994年“荣华鸡”在北京开第一家分店时的豪言壮语。它在成立之初的两年内达到了单店150万元的单月销售额纪录，但由于扩张速度太快，管理上缺乏标准化，很多工作无法落实到位，最终失去了消费者。

6年后，北京的最后一家“荣华鸡”在安定门歇业。一些专业人士在对“荣华鸡”的失败找寻原因时曾指出，“荣华鸡”的失败源于在管理上缺乏标准化，当“荣华鸡”在初期进行大规模扩张时，一方面在产品标准化上，对原料质量、食品加工方法等没有严格的限定；另一方面在服务标准化上，对员工的文明规范以及店堂环境设置等没有具体的标准要求和严格的质量监控体系，结果导致每家店的产品和服务质量参差不齐，最终失去了原有的顾客。

通过以上的两个例子，我们可以看出，仅仅停留在喊口号上是绝对不行的，不管做什么事情，必须在落实上下功夫，这才是成功的关键。

但很多时候，人们总是会对自己的能力做出超额的评估，认为自己的能力强，眼光独到，一定可以做出一番大事业来。当然，我们不能说这样的人就一定不行，有自信固然是好事，但是自信也要建立在坚实的基础条件上，要清楚自己的能力范围在哪里，然后再量力而为，而不是盲目地往前走，跌入了深渊都不自知。

成功既需要激情和梦想，同时也需要将梦想转化为现实的实干精神。

欧莱雅中国工业集团，苏州尚美国际化妆品有限公司的人事经理王先生说，什么样的员工是欧莱雅中国工业集团的最爱？简而言之是：“诗人＋农民”的完美结合。对此，他这样解释，“一方面，作为百分之百的化妆品公司，我们强调创造性和前瞻性。化妆品是介于个人护理和时尚之间的一个行业，从引领时尚的角度考虑，要求我们的员工对美、对人文有深刻的理解，要有丰富的想象力和创造力，挑战现有的观念。这并不仅仅是在营销上，还包括产品的研发上，想象力与创造力以及对艺术本身的爱好会转化为对产品创新的一种驱动。所以这一素质是我们必须要的。

欧莱雅要求员工，特别是市场营销人员要有这一方面的素质。这就是我们所说的‘诗人’素质。”

“另一方面，化妆品市场竞争激烈，不仅需要想象力，还要脚踏实地，就是能够接近客户，非常谦虚地倾听客户的需求，发现他们的需求，理解他们的需求，要能够非常勤劳地工作。这个行业跟零售业息息相关，有时要求员工周末去站柜台，这是很辛苦的。这种勤奋、能够解决问题和接近客户的素质，我们叫作‘农民’素质。”

可以看出，激情和务实勤奋相结合的员工是企业最需要的“完美”人才，成功者既要有诗人般的想象力，又要像农民那样吃苦耐劳，只有这样二者完美合一的竞技状态，才能成就绚烂、辉煌的事业。

自知者方为智者。有大智慧的人，必定是一个能够认清自我，知道自己能做什么的人，一味地把梦想挂在嘴边而不付之行动的人，或者把梦想建立在不切实际的行动上的人，是永远无法获得成功的。

不做好高骛远的人

为什么同样的环境和条件、差不多的基础，有的人业务进步明显，三两年就成了公司的骨干，而有的人却频繁跳槽，应聘的工作单位一个接一个，能力却没有太大的提高？这其中的差别主要就在心态上。

真正的进取心是要体现在脚踏实地上，离开了脚踏实地的精神，进取心就成了一句空话。只有务实的人才能够在成功的路上走得更远。一个人即便是名校毕业，学识和能力都很强，如果不能够安于岗位，为企业创造价值，也很难在事业上有所成就。

1999年9月，阿里巴巴网站建立起来了。马云立志要使之成为中小企业敲开财富之门的引路人。同年10月，阿里巴巴获得以高盛牵头提供的500万美元风险资金，马云立即着手的一件事情就是引进大量的外部人才。

马云就宣布“高级管理层人选全部聘任MBA（工商管理硕士）担任。”当时，在阿里巴巴12个人的高管团队成员中除了马云自己，全部都来自海外。接下来几年，阿里巴巴聘用了更多的MBA，包括哈佛、斯坦福等学校的MBA，还有国内知名大学毕业的MBA。但是，后来这些MBA中90%以上都被马云开除了。

后来，谈及这次人才引进，马云认为，这批毕业于名校的MBA素质并不十分让人满意。“很多MBA进了阿里巴巴之后，基础的礼节、专业精神、敬业精神都非常缺失，认为自己是精英，高级管理者，不肯虚下心来，脚踏实地，一进来就要求年薪至少十万元，一开口全都是战略，往往是讲的时候热血沸腾，但做的时候不知道从哪儿做起。”

由此，马云总结出一个关于人才使用的理论：只有适合企业需要的人才是真正的人才。他把当初引进MBA的事情做了一个比喻：就好比把飞机的引擎装在了拖拉机上，最终还是飞不起来。

企业引进人才是为了更好地发展，获得更大的效益，而不是为了装点门面。如果引进的MBA不能为企业带来效益，什么企业会欢迎这样的人呢？一个人无论有再大的才能和志向，只有脚踏实地，才能够做出成绩来。对于那些不能够安下心来的高学历人才来说，显赫的学历反而成了成功路上的绊脚石。同等条件下，安静的人比浮躁的人在人生和事业上走得更远。某公司的董事长黄先生，在员工大会上讲过这样一件事：

在黄先生的公司里，有两位很出色的员工：袁先生和高小姐，均被另外一家公司看上，想以高价挖走他们。袁先生看到对方提出的薪酬标准比黄先生的高，于是很快就递交了辞职信。黄先生对他说："你再考虑一下，那家公司很可能只是要利用你。"但袁先生没有听从黄先生的劝告，坚决地投奔了那家公司。

而高小姐却拒绝了那家公司的高薪聘请，选择继续留在黄先生的公司，一直勤勤恳恳地工作。事情发展到后来，跳槽的袁先生果真如黄先生所料的那样，并没有得到重用。没过多长时间，当那家公司利用完袁先生以后，就把他"踢"出门外。

而选择留下的高小姐，却已经是黄先生公司某区的总经理了。

黄先生最后总结道："你来工作，并不是为了薪水这个目标，而是谋求将来的发展。那位袁先生看到的只是眼前的小利，而高小姐看得却很长远，她选择的是发展，像这种员工就值得去栽培。尽管发展之路开始时可能很艰难，但走到后面却是一条黄金之路。如果连路都是黄金铺成的，那还怕没钱吗？"

故事中的高小姐，面对竞争对手公司的高薪聘请，不为所动。仍能够安于岗位，脚踏实地，因此她取得了比袁先生更好的发展机会。

在我们的工作生活中，袁先生的例子并不少见，有些人很容易被一些眼前的利益所吸引，见异思迁，好高骛远，最终，只会落得事与愿违的下场。纵观古今中外，凡成大事业者，无一不是具备沉稳的性格，经得起诱惑，耐得住寂寞，无论在什么环境中都保得住操守，不忘记自己的方向。我们要有所成就，就要避免心浮气躁，一步一步踏踏实实地走出自己的成功之路。

本色生活，本色做自己

每一个人刚走上社会都是满怀希望与抱负的，然而一些人遭受多次挫折，经历艰难困苦之后，一颗原本质朴的心变了：爽直的人变得吞吞吐吐，心灵歪曲了，抱负丧失了，最后变得窝囊了。

社会与环境不足以影响人。每一个人要有独立的修养，不受外界环境影响，永远保持一颗光明磊落、纯洁质朴的心。这才是做人的最高修养。

著名作家沈从文可谓是一个没有学历而有学问的学者。他怀着梦想刚来到北京闯荡时，一边在北大做旁听生，一边阅读大量书籍，并与诸多大师结识，通过学习使自己不断成长。后来，他又带着一身泥土气息闯入十里洋场的上海，没过多长时间，他就以一手灵气飘逸的散文而震惊文坛。

1928年，时年26岁的沈从文被当时任中国公学校长的胡适聘为该校讲师。在此之前，沈从文以行云流水的文笔描写真实的情感，赢得了一大批读者，在文坛享有很高的声望，但他给大学生讲课却是头一回。为了讲好第一堂课，他进行了认真准备，精心编定了讲义。尽管如此，第一天走上讲台，看见台下黑压压地坐满了学生，他心里仍不免发虚。

面对台下满堂坐着的莘莘学子，沈从文竟整整待了10分钟，一句话也说不出。后来开始讲课了，由于心情紧张，他只顾低着头念讲稿，事先设计在中间插讲的内容全都忘得一干二净。结果，原先准备的一堂课，十分钟就讲完了。接下来的几十分钟怎么打发？他心慌意乱，冷汗顺着脊背直淌。这样的尴尬场面，他以前还从来没有经历过。

虽然说当时的情景很尴尬，但是沈从文并没有采取投机技巧利用天南地北的瞎扯来硬撑“面子”，而是老老实实拿起粉笔在黑板上写道：“今天是我第一次上课，人很多，我害怕了！”于是，这一句老实可爱的坦言，引起全体同学一阵善意的笑声……

胡适深知沈从文的学识、潜力和为人，在听说这次讲课的经过后，不仅没有批评，反而不失幽默地说：“沈从文第一次上课就成功了！”后来，一位当时听过这堂课的学生在文章中写道，沈先生的坦率赤诚令人钦佩，这是有生以来听过的最有意义的一堂课。

此后，沈从文曾先后在西南联大师范学院和北大任教。正因为不是“科班”出身，他不墨守成规，而代之以别开生面的言传身教的文学教育，获得了成功。而他那“成功”的第一课，则在学生之中不断流传，成为他率直人生的真实写照。

莎士比亚曾经说过，老老实实最能打动人心。一句“我害怕了”，袒露了一代文学巨匠的质朴内心，面对失败不敷衍、不做作、不逃避，能老实地袒露内心的人，当然会得到别人的谅解。

质朴是这个世界的原始本色，没有一点功利色彩。就像花儿的绽放，树枝的摇曳，风儿的低鸣，蟋蟀的轻唱。它们听凭内心的召唤，是本性使然，没有特别的理由。

生活在世事纷扰的世界里，尔虞我诈让我们多了一些虚伪，钩心斗角让我们多了一些狡诈，世态炎凉让我们多了一些冷漠。人之所以过早苍老是由于受了外界环境和自己情绪变化的影响，而保持一颗质朴的心，可以让生命永远保持健康，让生命永远保持青春，把自己归于自然，回归生活的原始本色。

成大事者从小事做起

小事情做不好，大事情也不会成功。成功不一定是做大事，做好每一件事是成功的基本要素。成功就是简单的事情重复做，只要持之以恒地坚持下去，成功就会走向你。卡菲瑞先生在回忆起比尔·盖茨小时候的故事时，曾写下这样一段文字：

1965年，我在西雅图景岭学校图书馆担任管理员。一天，有同事推荐一个四年级学生来图书馆帮忙，并说这个孩子聪颖好学。不久，一个瘦小的男孩来了，我先给他讲了图书分类法，然后让他把已归还图书馆却放错了位的图书放回原处。小男孩问：“像是当侦探吗？”我回答：“那当然。”接着，男孩不遗余力在书架的迷宫中穿来插去，小休时，他已找出了三本放错地方的图书。第二天他来得更早，而且更不遗余力。干完一天的活后，他正式请求我让他担任图书管理员。又过了两个星期，他突然邀请我上他家做客。吃晚餐时，孩子母亲告诉我他们要搬家了，到附近一个住宅区。孩子听说转校却担心起来：“我走了谁来整理那些站错队的书呢？”……

我一直记挂着这个孩子。结果没过多久，他又在我的图书馆门口出现了，并欣喜地告诉我，那边的图书馆不让学生干，妈妈把他转回我们这边来上学，由他爸爸用车接送。“如果爸爸不带我，我就走路来。”其实，我当时心里便应该有数，这小家伙决心如此坚定，又能为人着想，则天下无不可为之事。不过，我可没想到他会成为信息时代的天才、微软电脑公司大亨、美国巨富——比尔·盖茨。

成功与否，和一个人的心态有着密不可分的关系，从上面这段文字中我们可以看出，许多伟大或杰出人物身上，总会或早或迟地显现出优于常人之处。比尔·盖茨对待图书馆工作这样的小事，就已经表现出一种超乎同龄人的责任心，难怪他能在信息时代叱咤风云。

毋庸置疑，想成就一番事业，必须从小的事情做起，从细微之处入手。暂且不去谈论影响比尔·盖茨成功的其他因素，单从他从小就显露出来的做事态度，我们就能窥见他获得人生成就的端倪。

生活中有很多人总觉得自己可以做一番惊天动地的大事业，那些细琐小事不应该去理会，而且连替自己开脱的理由也显得理直气壮，“成大事者不拘小节”。但是，这些人似乎忘记了一点，聚沙成塔、积水成渊，很多叱咤风云的人物，当年都是从简单的小事开始做起的。而他们与我们所不同的只是面对小事的态度，在他们看来，他们所做的事并非小事。

在第二次世界大战中，有一条船在苏格兰附近沉没，沉没的原因是鱼雷袭击还是触礁，一直没有结论。罗斯福则认为触礁的可能性更大，为了支持这种立论，他滔滔不绝地背诵出当地海岸涨潮的具体高度以及礁石在水下的确切深度和位置。

这一行为令当时许多人暗中折服。罗斯福就是这样一个能够记得住每一件在我们看来很小的事情。他曾经表演过这样的绝活：他叫客人在一张只有符号标志而没有说明文字的美国地图上随意画一条线，他能够按顺序说出这条线上有哪几个县。

作为政治领袖，他获得了广大人民的尊重，人们坚信，这样一位对小事都如此关注的人，必定是一个能时刻将民众和国家的利益装在心里的人。

人们可能不会去关心一个国家未来发展的宏伟规划，但他们会注意到一个国家代言人是否在细节和小事上下功夫。试想，总统连全国每个县的县名和地理位置、不为人知的建议都注意到了，还有什么东西会落在总统的视野之外呢？

古语有云：不积小流，无以成江海；不积跬步，无以至千里。从中我们明白到，成功源于小事的积累，小事不小，需要我们高度重视。

做好小事是获得成功的基础。人不可以一步登天，再高的大厦，也是由一块块小砖头累砌而成。再大的伟业也得从一点一滴的小事做起，只有把小事做好了，才有可能做大事。

浩瀚的大海是由一滴滴雨水积成的，广阔的沙漠也是由一粒粒的小沙聚成的。故要成大事，先从小事做起。

第五章

做情绪的主人，做生活的主宰

第一节　情绪调节：别让坏情绪绑架你

做情绪的调节师

情绪可能会给我们带来骄人的成就，也可能带来惨痛的失败，因此我们必须了解、控制自己的情绪，千万不要让情绪左右了自己。能否很好地控制自己的情绪，取决于一个人的气度、涵养、胸怀、毅力。气度恢宏、心胸博大的人都能做到不以物喜，不以己悲。

盛怒时要疏导、平静；过喜时要收敛、抑制；忧愁时宜释放、自解；思虑时应分散、消遣；悲伤时要转移、娱乐；恐惧时寻支持、帮助；惊慌时要镇定、沉着……情绪修炼好，心理才健康，身体便也能够健康。

被人津津乐道的“空嫂”吴尔愉是个控制情绪的高手。她的优雅美丽来自一份健康的心态。她认为，心里不畅快，一定要与人沟通、释放不快。

如果一个人习惯用自己的缺点和别人的优点比，对什么都不满意，却对谁都不说，日积月累，不但心情很糟糕，就是皮肤也会粗糙，美貌当然会减半。所以有不开心、不顺心的，她一定找一个倾诉的伙伴，不但自己能一吐为快，朋友也能从旁观者的角度给她建议，让她豁然开朗。

在工作中，她更善于控制情绪，让工作成为好心情的一部分。飞机上常常遇见刁钻、挑剔的客人。吴尔愉总是能够让他们满意而归。她的秘诀就是自己要控制好情绪，不要被急躁、烦忧、紧张等消极情绪所左右，换位思考，乐于沟通。

有一位患上皮肤病的客人在飞机上十分暴躁，一些空姐都被他惹得生起气来。此时吴尔愉却亲切地为他服务，并且让空姐们想想，如果自己也得了皮肤病，是否会比他还暴躁？在她的劝导下，大家都细心照顾起这位乘客。

做情绪的调节师。人的情绪无非两种：一是愉快情绪；二是不愉快情绪。无论是愉快情绪还是不愉快情绪，都要把握好它的“度”。否则，“愉快”过度了，也会乐极生悲。人有喜怒哀乐不同的情绪体验，不愉快的情绪必须释放，以求得心理上的平衡，但不能发泄过分，不然既影响自己的生活，又加剧了人际矛盾，于身心健康无益。

当遇到意外时，要学会运用理智和自制，控制自己的情绪，轻易发怒只会造成负面效果。

面临困境，不要让消极情绪占据你的头脑。保持乐观，将挫折视为鞭策前进的动力。遇事多往好处想，多聆听自己的心声，给自己留一点时间，平心静气地想一想，努力在消极情绪中加入一些积极的思考。

累了，去散一会儿步。到野外郊游，到深山大川走走，散散心，极目绿野，回归自然，荡涤一下胸中的烦恼，清理一下浑浊的思绪，净化一下心灵尘埃，唤回失去的理智和信心。

唱一首歌。一首优美动听的抒情歌，一曲欢快轻松的舞曲，或许都会唤起你对美好过去的回忆，引发你对灿烂未来的憧憬。

读一本书。在书的世界遨游，将忧愁悲伤统统抛诸脑后，让你的心胸更开阔，气量更豁达。

看一部精彩的电影，穿一件漂亮的新衣，吃一次最爱的零食……不知不觉间，你的心不再是情绪的垃圾场，你会发现，没有什么比被情绪左右更愚蠢的事了。

生活中许多事情都不能左右，但是我们可以左右我们的心情，不再做悲伤、愤怒、嫉妒、怀恨的奴隶，以一颗积极健康的心去面对生活每一天。

“装”出来的好心情

我们都知道“开心是一天，不开心也是一天”的道理，但“天天好心情”还真不是件容易事。喜怒哀乐乃人之常情，任何人都无法避免，但是长时间情绪低落会侵蚀你的身体，甚至影响你的健康；而好的心情则可以大大提高你的生活质量，也有助于你的身心健康。所以，一个人要想健康长寿，首先要摆脱坏情绪的纠缠，去发现、体味生活中的美好，保持自己的好心情。

“心情不好吗？”“不好。”

那我们不妨试试“装”出好心情。在我们感到情绪低落时，装出好心情是放松身心、从消极转向积极的最有效的方法——我们通过“装”的扮演过程获得真实的好心情。最终，原本只是“装”出来的好心情会变成真实的感受，让我们在不如意的时候得到快乐；遇到困境时也较有自信和意志力。

有句谚语：“一个小丑进城，胜过一打医生。”它的意思是说，小丑带给了大家欢笑，而好心情对身心健康的重要性胜过了医生。比方说，当你感到自己很压抑、没有任何动力和积极性的时候，不妨装着笑出来，你可以微微一笑、对着镜子做些鬼脸，还可以开怀大笑、吹吹口哨。无论怎样，你就是要装出自己心情很好的样子。这样，你会发现，不久之后，心情真的好起来了。而且，这种方法还能帮助减轻疲劳、舒缓紧张和忧虑。

李先生是一个事业有成的企业家。按理说他的人生很成功，应该没有什么让他忧虑的事情。但事实并非如此，他经常觉得心里发慌，然后会陷入低落的情绪中。

有一天，他又感到意气消沉。之前一旦出现这种情绪低落的状况，他通常采取的方法是避不见人，直到这种心情消散为止。但这天他要和上司举行一个重要会议，躲着不见人肯定行不通的了，那怎么办呢？他决定装出一副快乐的表情，让大家以为他根本就没有焦虑的事情。

于是，他在会议上笑容可掬，谈笑风生，装成心情愉快而又和蔼可亲的样子。令他惊奇的是，不久他发现自己果真不再抑郁不振了。

李先生认为这是一种很奇妙的感觉，在他的无意识中，低落的情绪竟然自己就跑了。

其实，“装”出好心情的例子有很多。不知你有没有这样的发现，当小孩子哭得眼泪汪汪的时候，大人们通常都会逗小孩子说：“噢，不哭，不哭，来，笑一个，乖乖笑一个吧。”结果很多小孩子就真的笑了。当然，刚开始的时候，他们可能很不情愿，只是勉强地笑了笑，但很快他们会随着这个勉强的笑慢慢变得开心起来。这就是装出好心情最常见的例子。当然，如果一个人装出很生气的样子，他也会因为这个角色扮演而陷入这种情绪的常见反应，心跳、呼吸变得急促。然后，这个人的情绪也会被“装”的愤怒所影响，容易变得心情不好。所以，当你心情不好、意志消沉的时候，赶快装个好心情吧。你只需用自己的表情和心情——这些唾手可得的装扮道具，就能瞬间走出灰暗情绪的笼罩。

心情就像天气，阴晴不定、变幻莫测。天天好心情固然是每个人都渴求的，但瞬息万变的世界往往让人们不能如愿以偿。因为难免会遇到不顺眼的人、不顺心的事，坏心情也就随时会光临。如果你不想做一个受控于情绪的人，那么，从现在起，学着“装”出一份儿好心情，之后，你会发现，坏情绪真的不见了。

紧张情绪，人体的定时炸弹

紧张情绪会影响我们正常的思考，会导致我们发挥失常。

紧张的结果是心灵的超负荷运转，最后终将导致不幸的发生。现代人越来越容易感染负面的情绪，有时一个很小的打击也足以使我们绝望，导致一败涂地。

何雨是家里的独生子。由于历史的原因，父亲个人的理想成了泡影，便将全部的期望都寄托在何雨的身上。他在父亲的灌输下形成的强烈的“出人头地”意识与其一般的智能和责任心形成了巨大的反差。

高考前，黑板上每天变化的高考日期倒计时数和同学们的考试成绩一览表，加上父亲那企盼的目光，给何雨造成了巨大的心理压力。他出现食欲下降、恶心、心慌、心悸、惶惶不可终日的连锁反应。

当高考如约而至，何雨突然心中慌乱，脑中一片空白。他压抑着紧张情绪，但越压抑，心里越紧张，结果发挥失常，他落榜了。面对这沉重的打击，他很久不能从失望、痛苦、无助的情绪中解脱出来。

当他第二次面对高考时，他变得更加紧张恐惧。由于紧张感达到了极点，他甚至想放弃第二次高考。第一门考试他就出现了异常，混乱的气氛中，何雨心中那巨大的紧张感突然消失了，第一门考试发挥了较好的水平。但从第二门考试开始，那种紧张的感受又袭上心头，从而影响了以下几门考试的成绩。他勉强考取了一所高等专科学校。

但事情远远没有终结。在他几年的大学学习期间和走向社会后，只要面对考试，紧张不安的情绪便会出现。

紧张是一种因某种强大压力所引起的，高度调动人体内部潜力以对付压力而出现的，一种生理和心理上的应急变化。一般来说，在关键时刻，情绪的适度紧张不但不是坏事，而且还是必须的。

适度的紧张是有益的，但过度的紧张将会对人体产生抑制作用。过度紧张会使人动作失调，会使人行为紊乱，会降低效率。因为人们在过度的紧张情绪下，会使脑神经的兴奋和抑制过程失调，出现暂时性的不平衡。这时，人就会体验到一种难以自制的心慌、不安、激动和烦躁的情绪，从而出现一系列的行为紊乱、动作失调现象。

偶尔出现过度的紧张如能及时调整，不会对人造成大的危害，但持续的情绪紧张状态对人体特别有害。有人把持续的情绪紧张称之为体内的“定时炸弹”。

学会给坏情绪减负

生活在林中的小鸟，只要有一根可以立足的树枝，它便会觉得整个天地都属于自己；口渴的田鼠，只要饮到河中的一点点水便会知足，而不会奢求一个粮仓。所谓“知足常乐”，小人物也有小人物的境界，只要自己觉得满足就可以了，没有必要再去贪求其他多余的东西。

每个人所拥有的财物，无论是有形的，还是无形的，没有一样真正属于自己。那些东西不过是暂时寄托于你，有的让你暂时使用，有的让你暂时保管而已，到了最后，花落谁家，都未可知。智者会把这些财富统统视为身外之物。如果过分地索求，只能成为人生的一种负担，带给人痛苦和对幸福快乐的无从把握。

《大学》中有句名言："止于至善。"是说人应该懂得如何努力而达到最理想的境地，懂得自己处于什么位置是最好的。这便是"知足常乐"，在知前乐后当中，也是透析自我、定位自我、放松自我的过程。人们因为知足，所以不至于迷失方向，去追求不切实际的事物而把自己弄得心力交瘁。

一个富翁到海边的小渔村度假。傍晚，他来到海边散步，看见一个渔民满载而归。富翁与渔民闲聊了起来，看着他捕的鱼，问他为什么不再多捕一些呢？

"这些鱼已经足够我一家人生活所需。""那么你一天剩下那么多时间都在干什么？"渔民满足地说："我呀？我每天回来后跟孩子们玩一玩，黄昏时晃到村子里喝点小酒，跟哥们儿玩玩吉他，我的日子可过得充实又忙碌呢！"

富翁不以为然，帮他出主意："我倒是可以帮你忙！你应该每天多花一些时间去捕鱼，到时候你就有钱去买条大一点的船。然后你可以捕更多的鱼，再买更多的渔船，拥有一个船队。到时候你就不必把鱼卖给鱼贩子，而是直接卖给加工厂。接着，你自己开一家罐头工厂，离开这个小渔村，搬到洛杉矶，最后到纽约，在那里经营你不断扩充的企业。"

“这要花多少时间呢？”“15～20年。”

“然后呢？”

富翁大笑着说：“然后你就可以在家当富翁啦！时机一到，你就可以宣布股票上市，把你公司的股份卖给投资大众。到时候你就发啦！你可以几亿几亿地赚！”

“然后呢？”

富翁说：“到那个时候你就可以退休啦！你可以搬到海边的小渔村去住。每天出海随便捕几条鱼，跟孩子们玩一玩，黄昏时晃到村子里喝点小酒，跟哥们儿玩玩吉他！”

渔夫一脸淡然地说：“我现在不就是在过这样的生活吗？”

人们兜兜转转、忙于奔命，最后却往往回到了原点，发现期待的生活与曾经的生活并没有太大区别，不禁充满了失落。其实大多数时候不必为不顺心的事情感到沮丧，毕竟每个人都有自己的生活方式，或许如今的生活很简单，但是它既然存在，就一定会有它的乐趣，只不过人们没有感受到而已。生命各有各的乐，就在于生命体对各自生活的一种简单的满足。

学会给情绪减负，做一个轻松快乐的人。快乐纯粹是内生的，而非外源，不受环境约束的个人行为所产生的观念、思想与态度。这种观念和思想常来自于人们的知足感。在那些用平凡色彩渲染的人生里，宁静和温馨生活对于风雨兼程的人们来说是心灵的避风港，如何获得宁静、温馨，唯“知足常乐”四字，它会使人生多份从容和达观，帮助人们选择属于自己的乐趣所在。幸福其实很简单，只需要一点知足达观。

我的情绪我做主

你曾经有过这样的经历吗，考试前焦虑不安、坐卧不宁；受到批评后眼前一片空白，不愿上班；和同学朋友争吵后，气得上街乱逛，买一堆不合时宜的东西泄愤？像这类“犯规”的举止，偶尔一次还不要紧，如果经常这样，可就要小心了！因为不知不觉中，你已经成了“感觉”的奴隶，陷于情绪的泥淖而无法自拔。所以，一旦心情不好，就“不得不”坐立不安，“不得不”旷工、“不得不”乱花钱、“不得不”酗酒滋事。这样做不仅扰乱了自己的生活秩序，也干扰了别人的工作、生活，丧失了别人对你的信任。

著名专栏作家哈理斯和朋友在报摊上买报纸，那朋友礼貌地对报贩说了声“谢谢”，但报贩却冷口冷脸，没发一言。

“这家伙态度很差，是不是？”他们继续前行时，哈理斯问道。他有些替朋友抱不平。

“他每天晚上都是这样的。”朋友笑着说到，没有一点不悦之色。

“那么你为什么还是对他那么客气？”哈理斯有些不解。

朋友笑得更厉害了，他答道：“为什么我要让他的情绪决定我的行为？难道我还要浪费掉我的好心情，去和他斗气吗？”

不要被他人的不良情绪所影响。但是现实生活中，我们却常常会犯这样的错误。一个成熟的人要能握住自己快乐的钥匙，不期待别人使他快乐，而是将快乐与幸福带给别人。每个人心中都有把“快乐的钥匙”，但我们却常在不知不觉中把它交给别人掌管。

1939年，德国军队占领了波兰首都华沙，此时，卡亚和他的女友迪娜正在筹办婚礼。在光天化日之下，卡亚被纳粹推上卡车运走，关进了集中营。卡亚陷入了极度的恐惧和悲伤之中。

一同被关押的一位犹太老人对他说：“孩子，你只有活下去，才能与你的未婚妻团聚。记住，要活下去！”卡亚冷静下来，他下定决心，无论日子多么艰难，一定要保持积极的精神和情绪。所有被关在集中营的犹太人，他们每天的食物只有一块面包和一碗汤。

许多人在饥饿和严酷刑罚的双重折磨下精神失常，甚至被折磨致死。卡亚努力控制和调适着自己的情绪，把恐惧、愤怒、悲观、屈辱等抛之脑后。在这人间炼狱中，卡亚奇迹般地活下来。他不断地鼓舞自己，靠着坚韧的意志力，维持着羸弱的生命。

1945年，盟军攻克了集中营，解救了这些饱经苦难、劫后余生的人。卡亚活着离开了集中营。若干年后，卡亚把他在集中营的经历写成一本书。他在前言中写道：“如果没有那位老者的忠告，如果放任恐惧、悲伤、绝望的情绪在我的心间弥漫，很难想象，我还能活着出来。”

是卡亚自己救了自己，是他用积极乐观的情绪救了自己，他战胜了不良情绪，他主宰了情绪，没有沦为情绪的奴隶。

情绪，善用，可以使人生变得更好，前提是使它臣服，受你驾驭。情绪既是生命的一部分，就像我们的手与脚、过去的经验、积累的知识能力等，是为我们服务，使人生更美满的。可惜的是，今天，很多人都陷入了迷茫苦恼中不能自拔，成为自己情绪的奴隶，可悲！可叹！

第二节　情绪传导：别被他人的不良情绪左右

你只需要接受你自己

世界上没有两个完全相同的人，正如世界上没有两片完全相同的树叶。天生我材必有用。每个人都有自己的特点和长处，每个人都有尚未发掘出来的潜力和特质。如果我们能时时刻刻提醒自己，“你是重要的”，我们的好情绪就可以轻松地被调动起来，然后我们就能够发现和发挥我们自身的潜能，取得最后的成功。

不要被坏情绪牵着鼻子走，要相信你自己，你所做的事，别人不一定做得来。而且，你之所以为你，必定是有一些相当特殊的地方。这些特质是别人无法模仿的。既然别人无法完全模仿你，就不一定做得了你能做的事。那么，他们怎么可能给你更好的意见呢？他们又怎能取代你的位置，替你做些什么呢？

所以，你要相信自己，每个人都是上帝的宠儿，上帝造人时即已赋予每个人与众不同的特质，所以每个人都会以独特的方式与别人互动，进而感动别人。记住！你有权力相信自己很重要。

“我很重要。没有人能替代我。”

杰拉德斯·图夫特还是一个八岁的小男孩时，一位老师问他：“你长大之后想成为怎样的人？”他回答：“我想成为一个无所不知的人，想探索自然界所有的奥秘。”图夫特的父亲是一位工程师，因此想让他也成为一名工程师，但是他没有听从。“因为我的父亲关注的事情是别人已经发明的东西，我很想有自己的发现，做出自己的发明。因为我相信自己是独一无二的，而且我会成功。”正是有着这样的渴求，当其他孩子正在玩耍或者在电视机前荒废时光的时候，小小的图夫特就在灯前彻夜读书了。“我对于一知半解从来不满足，我想知道事物的所有真相。”他很认真地说。

图夫特告诫我们要保持自我，做独一无二的自我。正是这样，他才知道要走什么样的道路。在现实生活中，我们可以成为一名科学家，可以去做医生，但是一定要做独一无二的人，模仿他人只会葬送自己。

世界上没有完全相同的两个人，这就是人类能够取得各种各样成就的原因。所以没有必要来强迫一个人去做他不感兴趣的工作。如果你对科学感兴趣，你要尽量找一些好的老师，这点非常重要。即使是这样，你也不一定就会获得诺贝尔奖，这些事情是可遇而不可求的，你不能过于注重结果，也不要期望一定能取得什么样的成就，这样，只会让你的坏情绪轻而易举地击倒你。重要的是我们要肯定自己。

农夫家养了3只小白羊和1只小黑羊。3只小白羊因为有雪白的皮毛而骄傲，而对那只小黑羊不屑一顾。

不但小白羊，连农夫也瞧不起小黑羊，常常给它吃最差的草料，时不时还对它抽上几鞭。小黑羊过着寄人篱下的日子，也觉得自己比不上那3只小白羊，常常伤心地独自流泪。

初春的一天，小白羊和小黑羊一起外出吃草。不料寒流突然袭来，下起了鹅毛大雪，它们躲在灌木丛中相互依偎着……不一会儿，灌木丛和周围全铺满了雪。它们打算回家，但雪太厚了，无法行走，只好挤作一团，等待农夫来救它们。

农夫发现4只羊羔不在羊圈里，便立刻上山去找，但四处一片雪白，哪里有羊羔的影子啊。正在这时，农夫突然发现远处有一个小黑点，便快步跑过去。到那里一看，果然是他那濒临死亡的4只羊羔。

农夫抱起小黑羊，感慨地说："多亏小黑羊，不然，羊儿可能要冻死在雪地里了！"

这个故事告诉我们，小黑羊是独一无二的，所以农夫发现了它们，它们才不会被冻死在雪地里，其实人也一样，人们的不足与缺陷往往更能彰显出自己的独特。每个人都有自己的优点，不要为一点小小的不足而否定自己，陷入自卑情绪中，自怨自艾。比如有些人，在智商方面可能并没有什么超常的地方，但借助上帝之手，他们总有某个特质是超出常人的。这种时候，只有使这些能让自己成就大事的特质得到充分的发挥，人才有可能成长并且才能走向成功的道路。

从现在开始，喜欢你自己，愉快地接纳你自己。要知道，我们每个人都是一个独特的个体，在这个世界上是独一无二的，每一个人都有属于自己的位置。一个人只有全面地接受自己，才能走出自卑、自责的情绪沼泽，活出精彩的自己。

不要让他人影响你的情绪

我们都听过四面楚歌、霸王兵败的故事。如果我们能够对这个故事加以分析，你一定会有别的收获。

秦朝末年，楚汉相争，在垓下，刘邦和项羽展开了决战。

刘邦军队把项羽的军队包围了。为了减弱项羽军队的抵抗力，谋臣张良在彭城山上用箫吹起悲哀的楚国歌曲，并让汉军士兵中的楚国降兵随他一齐唱。

这些歌曲传到楚军营中，使楚军产生了缠绵的思乡之情。思乡之情蔓延开来，大家的斗志大为松懈。

思念家乡，人们就会无心恋战，谁都渴望赶快回到家乡，和亲人团聚，而开始厌倦战争，不愿意在这场几乎败局已定的战争中白白牺牲自己的生命。

谁都知道，战争中，士气是极为重要的。这首歌曲中浓浓的乡情，使楚军的战斗力大减。

结果许多项羽营中的士兵在这首歌曲的感染下，有的逃跑，有的斗志松懈，宁可投降，保全自己的性命。

在这种士气下，项羽军队在战斗中败给了刘邦的军队，项羽兵败自杀于乌江，而刘邦得了天下。

其实，四面楚歌这个成语许多人都知道，是形容四面受敌，绝望无援的境况。这一计谋是张良献给刘邦来对付项羽的，而且很成功。之所以获得成功，是得益于张良对情绪的把握。我们可以想想看，楚军被困重围本身就情绪低落，这也是他们心理防线最薄弱的时刻，在这样的情境下，士兵们听到来自家乡的歌谣，自然而然地会想到自己的亲人是否安在。当这种强烈的悲痛情绪突破他们的底线时，失败也就在所难免了。实际上，张良是不自觉地利用了人类的“情绪共鸣”这一心理学原理，一举成功。

现代心理学指出，在外界作用的刺激下，一个人的情绪与情感的内部状态和外部表现，能影响和感染别人。

白领丽人小璐有一次和一个客户在谈项目时，双方非常投机，对方突然决定立刻签订合同。可当时再通知日方主管已经来不及了。

于是，小璐出面与对方签订了合同。其实细算起来，那应该算是一笔大单。但后来公司却以她擅自越权为由，向她提出了解约。当时小璐无法理解为什么自己为企业带来了这么多的效益却仍得不到信任。

后来她从侧面了解到由于她的能力很强，她在公司内部的对手向日方管理打小报告，说她与客户私下有金钱交易。而这次她与客户签订合同，让本来疑心就重的日方经理下决心“炒”掉她。对这个决定，小璐非常气愤。但冷静下来后，她认为自己在这样的领导和这样的企业工作，对自己未来的发展会非常不利，这次的离职其实也是自己重新发展的一个大好契机。只是如果是以自己被“炒”为结局，实在不甘。于是她找到公司，要求由自己提出辞职。

在谈自己的经验时，小璐觉得离开未必是件坏事，知名企业有它吸引求职者的巨大魅力，但同时也要看清，作为知名企业，尤其是外企，它们有自己悠久的历史、完整的体系。这些在成为企业优势的同时，也会成为个人发展的绊脚石。

小丽能控制自己的情绪，清醒地认识到自己的处境是很明智的。如果因为他人的影响，而使自己的情绪失控做出不好的事情来，那就是我们的损失了。

在生活中，一个人的情绪很容易会受到他人的影响，常常会因为一些对自己不利的事情而生闷气，比如为什么老板总不给涨工资，为什么丈夫总是不理解自己，朋友为什么会在关键的时刻明哲保身，等等，这些事情会让我们一下子火药味十足。但这样的生气并不利于解决任何问题，反而会让我们的头脑不清醒，甚至做出一些让自己后悔终生的事情来。

世间任何事情都没有绝对，所以只要你心中看得开就行了，何必在乎别人怎么看、怎么说呢？如果我们以别人的看法为指南，存有这种潜意识，生活就会苦多于乐。毕竟无法尽如人意的事情太多了，如果只是为了别人而活，痛苦难过的就只有自己。既然如此，又为什么让他人来左右我们的情绪呢？

勇敢地为自己选择

选择是艰难的，因为只要有选择就意味着要有取舍，而无论做什么选择，都意味着要放弃其中之一，于是你退缩了。但你也许想不到，你很可能会变成一个懒惰的人，没有主见，没有勇气，在遇到问题时，你一定会恐慌而且不知所措，你的思考和行动能力也会逐渐地削弱。

因此，不管是在学习上还是生活上，你全都变得被动起来。所以，每个人都要牢牢地把握住自己的选择权，这样的人生也才更完整。

选择并不是一件简单的事情，不仅要懂得为自己选择，更要学会如何选择。而诀窍就在于不要因他人言论和判断束缚了自己前进的步伐，任何时候，让心做行动的向导，它会带你去到那个你想去的地方。

伊夫林·格兰妮是世界上一流的打击乐独奏家，她曾说："从一开始我就决定：一定不要让其他人的观点阻挡我成为一名音乐家的热情。"

格兰妮8岁时就开始学习钢琴，日子如流水般滑过，徜徉在音乐世界的她毫无倦怠，她的热情与日俱增。

然而，不幸的事情发生了，她的听力渐渐下降，医生们断定这是由于神经损伤造成的，而且这种损伤难以康复，并且还断言到12岁时，她将彻底耳聋。虽然听起来让人震惊，甚至产生巨大的绝望和悲痛，但她仍然执着地爱着音乐。

她的理想是成为打击乐独奏家，而在当时并没有这么一类音乐家。为了演奏，她学会了用不同的方法"聆听"其他人演奏的音乐。她只穿着长袜演奏，这样她就能通过身体和想象感觉到每个音符的震动，她几乎用她所有的感官来感受着她的整个声音世界。

虽然丧失了听觉，她依然决心成为一名音乐家，于是她向伦敦著名的皇家音乐学院提出了申请。

她的演奏征服了所有的老师，最后，她打破了这个学校从来不收聋学生的传统，顺利地入了学，并在毕业时荣获了学院的最高荣誉奖。

从那以后，她就致力于成为第一位专职的打击乐独奏家，并且为打击乐独奏谱写和改编了很多乐章。

格兰妮一直坚持她自己的选择，哪怕医生的诊断也不能影响她高涨的情绪，她要做自己喜欢的，所以，她最终成功了，她成了世界上第一位专职的打击乐独奏家。她为自己的选择感到骄傲。

一种好情绪就是一盏灯，选择以怎样的情绪面对生活，这一切由我们自己来选择。

他人也是自己的一面镜子

人与人之间的情绪是可以相互影响的。把一个乐观的人和一个悲观的人分在一间房子里，当他们共同生活一段时间后，会出现两种可能：一种是两个人都是乐观的人；一种是都成了悲观的人。

这就是情绪的力量，它强大到可以完全地改变一个人。当然，人的情绪繁多，我们处在这样一个人际关系相对复杂的社会，受多种情绪波及影响也是很正常的，关键是看我们如何选择对我们有益的。

在成年人的世界中，流传着这样一个不成文的定律：你周围6个人的价值的平均水平就是你的价值。这个规则说明的是，身边的朋友对我们而言，就是衡量自身价值的一个重要指标——你周围的朋友优秀，可想而知你也是不错的，你周围的朋友快乐，你自然也不会太消极，你周围的朋友毫无理想和追求，那你可能也在放纵自己，你周围的人忧愁，你就很难划分到快乐一族。

这个纷繁复杂的社会，因形形色色的人们结成各式各样的关系而精彩不断。社会是由人与人构成的，人的个体禀赋不同，所结成的社会关系也不同。自从产生了阶级，各种社会关系就以集体、群体的形象体现出来。然而这些不同会让人常常对自己没有一个很好的了解，其实利用周围的人来认识自己是再好不过了。

谁都不是单独生活在社会中的个体。在生活中，我们难免会形成这样或者那样的关系，比如师生关系、父子关系、朋友关系、同事关系，这些关系的背后，就是在说明我的人生是和怎样的人度过的。亲人父母不能选择，但我们的朋友却都是我们自己选择的。选择朋友的眼光，就是你自己的人生标准，久而久之，你周围的人就是跟你志同道合的人，那么，想认识自己，就看看你周围的人是什么样子。高情商的人可以利用别人的优点来强化自己，在这个过程中，对自我情绪的调节是很重要的。

凯丽出生于贫穷的波兰难民家庭，在贫民区长大。她只上过6年学，也就是只有小学文化程度。她从小就干杂工，命运十分坎坷。

但是，她并没有因此而悲观绝望，相反的，她每一天都活得很开心。她觉得生活已然如此，埋怨烦恼也无济于事，那为什么不让自己活得开心一些，轻松一些呢？

凯丽是这样想的，也是这样做的。生活在社会的最底层，她知道，你对别人笑，别人即使不对你笑，但也不会厌恶你。这就是小凯丽最开始的想法。凯丽 13 岁时，看了《全美名人传记大成》后突发奇想，她想要直接和许多名人交往。她的主要办法就是写信，每写一封信都要提出一两个让收信人感兴趣的具体问题。许多名人纷纷给她回信。此外，她还有另外一个方法，凡是有名人到她所在的城市来参加活动，她总要想办法与她所仰慕的名人见上一面，只说两三句话，从不给人家更多的打扰。

就这样，由于她得体的谈吐，令人深感愉悦的乐观精神，她认识了社会各界的许多名人。成年后，她经营自己的生意，因为认识很多名流，他们的光顾让她的店人气很旺。最后，她不仅成了富翁，还成了名人。

每个人都是自己的一面镜子，你选择以怎样的形象示人，别人回馈于你的也不外乎如此。可是，生活中很多人并没有认识到这一点，他们紧紧地锁住自己，为的是能够全神贯注地拼搏。可是，他们不知道，当他们集中了精神只守着自己的那一小块田地的时候，他已经失去了由人脉构建起来的更为广阔的沃土。

俗话说得好：物以类聚，人以群分。同类的物品常归纳在一起，而人按照品行、爱好等形成群体。现代生活中，每个人都有自己的生活圈子，在这圈子中都是志同道合的好朋友。无论你是哪一类，都验证了人以群分的不变规律。比如你喜欢逛街，那么一定会有几个和你一样的朋友，你喜欢读书，你一定有一些书友。

我们最常见的现象是，有一些本不相识的人会自然地聚拢在一起，但是有些人却始终游离于他们之外，想加入也难以如愿。有人认为是气味导致的，即“臭味相投”，的确有些生物就是如此。也有些人认为是“八字相合”，命中注定。其实这些都是因为他们不是一类人，没有共同的话题，他们就很难找到相同点，那么在他们身上就很难找到自己的影子，如果交到坏朋友，更有可能使自己迷失。而这些都是借由情绪的表达所达到的一个情感共通的效果。

从这些我们可以得出初步的结论，从一个人的朋友可以了解一个人的个性。从一个人的对手便可以了解一个人的底牌。如果放开延展这个结论，也许我们可以从一个男人或女人的追求者是什么层次的人，便可以在短时间初步判断出一个人的层次。

个人大部分的成就总是蒙他人之赐、借他人之力，保持周围人的高水平，就是保持自己的高水平。

而朋友就是我们最需要借鉴和依靠的“他人”。“利用”并不是完全丑恶的，它来源于人们在现实生活中各取所需的关系。有些人不能正确地认识自己，不是因为自己没有能力，而是他们常常走入一个误区，那就是他们常常给自己消极的暗示，我这样行吗？我能完成这项任务吗？但如果你利用周围的人来认识或提升自己，那么你会从中认识不一样的自己，从而走出那个误区，说不定还有意想不到的收获。

人有时对自己缺乏全面的解析，如果我们想要更好地认识自己，就要利用周围的人。

第三节　情绪释放：给负面情绪找个出口

丢掉坏情绪，做到浑然忘我

紧张是一种不良情绪，它会让我们时时处在不安中，以致无法做好任何事情。学着放松自己的心情，不要让外界因素影响到你，时时保持一种轻松的状态，我们做任何事情都会得心应手。学着让烦恼情绪过期，快乐的情绪自然会回到你的身边。

球王贝利刚刚入选巴西最著名的球队——桑托斯足球队时，曾经因为过度紧张而一夜未眠。他翻来覆去地想着："那些著名球星们会笑话我吗？万一发生那样尴尬的情形，我有脸回来见家人和朋友吗？"一种前所未有的怀疑和恐惧使贝利寝食不安。虽然自己是同龄人中的佼佼者，但烦恼使他情愿沉浸于希望，也不敢真正迈进渴求已久的现实。

最后，贝利终于身不由己地来到了桑托斯足球队，那种紧张和恐惧的心情，简直没法形容。"正式练球开始了，我已吓得几乎快要瘫痪。"他就是这样走进一支著名球队的。原以为刚进球队只不过练练带球、传球什么的，然后便肯定会当板凳队员。

哪知第一次，教练就让他上场，还让他踢主力中锋。紧张的贝利半天没回过神来，双腿像长在别人身上似的，每次球滚到他身边，他都好像看见别人的拳头向他击来。在这样的情况下，他几乎是被硬逼着上场的。但当他迈开双腿，便不顾一切地在场上奔跑起来时，他渐渐忘了是跟谁在踢球，甚至连自己的存在也忘了，只是习惯性地接球、盘球和传球。在快要结束训练时，他已经忘了桑托斯球队，而以为又是在故乡的球场上练球了。

那些使他深感畏惧的足球明星们，其实并没有一个人轻视他，而且对他相当友善。如果贝利一开始就能够相信自己，专心踢球，而不是无端地猜测和担心，就不必承受那么多的精神压力了。但是最后他还是战胜了紧张，让紧张情绪迅速过期，重新找回了自己。

当紧张产生的时候，具体情况先分析一下，这些问题是不是你生活中非常重要的问题？它们会产生哪些后果令你惊惧？这些思考有助于将紧张减少到最低程度，使你的情绪能够平和、冷静下来，应付所面对的难题。同时还应该试着把内心忧虑的事用笔全部记录下来，然后逐条检查，把不是很急切的事抽出来，先思考解决比较急迫的事，接着再慢慢想办法解决其他的问题。这样，不仅可以有条不紊地理清积压的难题，还能缓解紧张情绪。

轻轻松松做人，简简单单生活，按照自身的喜悦安排自己的生活，想想也没什么不好。金钱、功名、出人头地、飞黄腾达，这种人生是大多数人梦寐以求的。但如果为了获取这些，而让自己陷入烦恼之中，这就是我们的失败了。能不依附权势，不贪求金钱，无怨无争地生活，也是一种很惬意的人生。毕竟，我们用不着挖空心思去追逐名利，用不着留意别人看你的眼神，心灵没有锁链，快乐而自由，这样的生活岂不是更美好？

警惕情绪污染

现代社会信息交流快捷，人际交往频繁，环境气氛对人的影响力强，情绪会相互感染，尤其是家庭成员之间情绪很容易互相传染。

当然，情绪有好有坏，感染的效果会有正有负。良好的情绪会构成一种健康、轻松、愉悦的气氛，坏情绪会造成紧张、烦恼甚至敌意的气氛。情绪污染是指在坏的情绪影响下，造成心情不畅的氛围。现代医学告诉我们，大多数人的疾病往往会从不良的情绪、失衡的心理中产生。为此，人们应该像重视环境污染一样，重视情绪污染。

要防止情绪污染，首先，要从自我做起，尽量做到不将坏情绪传播给家人、朋友、同事，传播给社会。其次，要学会和提高调整情绪的技巧，遇到烦恼、挫折要善于解脱，增强心理承受力。另外，切忌把不良情绪带回家，一旦家庭成员情绪不佳，要及时做好疏导化解工作，使氛围向正效应转化。

情绪是客观事物作用于人的感官而引起的一种心理体验。无论喜、怒、思、悲、惊，都有其原因和对象。幽静的环境，清新的空气，高尚的品德，物质的丰富，文化的繁荣，都能引起人们愉快、轻松的良好情绪，而环境脏乱、虚伪庸俗、文化枯萎等，则可能导致人们厌烦、压抑、忧伤、愤怒的消极情绪。

将一个乐观开朗的人和一个整天愁眉苦脸、抑郁难解的人放在一起，不到半个小时，这个乐观的人也会变得郁郁寡欢起来。道理很简单，悲观者将自己的苦闷、抑郁传递给了他，人的情绪就是这么的奇怪。情绪具有感染力，那就让我们及时调整好自己的情绪，不要让你的坏情绪到处去“惹祸”了。

其实，我们每个人都是不良情绪的始作俑者，每个人也都是不良情绪的受害者。其实，只要中间的某个人可以控制住自己的情绪，这个恶性循环就不会再传递下去。

良好的情绪会带给周围人无尽的欢乐。如果我们仔细回想一下，一定能够想得到许多良好情绪感染我们的例子。比如某小区的物业人员总是真诚、友善地和你道一句“你好”“再见”之类的话语，你可能本来因忙碌而觉得心烦，但一听到他人的问候、看到他人的笑脸，你的内心也会绽放出一枝花来。许多经常来往的人会互相影响，也是基于这样的道理。但如果是坏情绪的传染，有时会带来毁灭性的灾难。

俄亥俄州大学社会心理生理学家约翰·卡西波指出，人们之间的情绪会互相感染，看到别人表达的情感，会引发自己产生相同的情绪，尽管你并未意识到在模仿对方的表情。这种情绪的鼓动、传递与协调，无时无刻不在进行，人际关系互动的顺利与否，便取决于这种情绪的协调。

情绪的感染通常是很难察觉的，这种交流往往细微到几乎无法察觉。专家做过一个简单的实验，请两个实验者写出当时的心情，然后请他们相对静坐等候研究人员到来。两分钟后，研究人员来了，请他们再写出自己的心情。这两个实验者是经过特别挑选的，一个极善于表达情感，一个则是喜怒不形于色。实验结果，后者的情绪总是会受前者感染，每一次都是如此。这种神奇的传递是如何发生的？

人们会在无意识中模仿他人的情感表现，诸如表情、手势、语调及其他非语言的形式，从而在心中重塑自己的情绪。这有点像导演所倡导的表演逼真法，要演员回忆产生某种强烈情感时的表情动作，以便重新唤起同样的情感。

研究发现，人容易受到坏情绪的传染，带着满肚子闷气，绷着脸回到家，摔摔打打，看什么都不顺眼，立刻便将坏情绪传染给了全家，整个晚上甚至连续几天都不得安宁。同样，在家里怄了气，也会把坏情绪带到外面。这就像一个圆圈，以最先情绪不佳者为中心，向四周荡漾开去，这就是常被人们忽视的“情绪污染”。用心理学家的话说：情绪“病毒”就像瘟疫一样从这个人身上传播到另一个人身上，一传十、十传百，其传播速度有时要比有形的病毒和细菌的传染还要快。被传染者常常一触即发，越来越严重，有时还会在传染者身上潜伏下来，到一定的时期重新爆发。这种坏情绪污染给人造成的身心损害，绝不亚于病毒和细菌引起的疾病危害。

同样，你听同一首歌，在家听的感受与到演唱会现场去听，结果肯定是大相径庭，因为你在现场情绪受到了感染。认识到情绪这种特殊的“传染病”，我们就要重视它，并积极利用正面情绪，克制、舒缓负面情绪，这样才能拥有赢得成功的品质。

与其一天到晚怨天怨地，说自己多么不幸福，不如借由改变自己的情绪个性来改变命运。没有人是天生注定要不幸福的，除非你自己关起心门，拒绝幸福之神来访。千万不可做喜怒无常的人，让自己的心理状态完全被情绪左右，那样伤害的不只是别人，你自己也会因此失去拥有幸福的机会。任何人都会有情绪低落的时候，每当这时，一是要有点忍耐和克制精神，要学会情绪转移。把不良情绪带回家，将心中的怨气发泄在家人身上，为一些小事耿耿于怀……诸如此类，都会影响他人情绪，造成家庭情绪污染。

用宣泄为自己减压

随着生活节奏越来越紧张，我们所面临的压力也越来越大，内心积压的不良情绪也越来越多，如果不及时为这些情绪找一个发泄渠道，它们将会危害到我们的身心健康。

28岁的李小姐在一家大型外资企业工作，虽然刚工作3年，薪资已经到了每月万元以上，这在同龄人中，算是很好的了。可即使这样，她还是时常抱怨压力太大，并通过聚会等各种各样的方式为自己减压。可最近一段时间，李小姐的家人发现她不再像以前那样爱出门玩儿了，下班回到家后，她就一直坐在电脑跟前。后来她自己告诉家人，她的同事们都到网上社区发泄，将自己不能跟身边人说的秘密发到上面去，以此来释放自己的压力。她通过浏览上面的内容，发现有的人比自己还要不幸，立即就感觉自己的压力没那么大了，并且认为这确实是一个很好的减压方法。

在这些说出秘密的社区里，发布秘密的人以女性居多，发布的内容也大都是一些关于自身的一些不堪的回忆，发布者将自身的秘密说出来，引起很多人回应，有的人也说出相同的经历，并把自己的一些经验说出来，与单纯的劝慰比起来，现身说法的方式反而让更多的人获得益处。李小姐觉得一些在现实生活中不能倾诉的情绪，在网上社区很容易就能说出来，李小姐这样的想法很多人也能理解，毕竟在网络中，大家互相都不认识，等于把真实的困扰放在虚拟的空间，说出来的过程就是释放和发泄，也正因为如此，有很多年轻人都热衷于这样的方式。

针对这种情况，心理专家认为：能够将不良情绪释放出来，就是一种解压的方式，不论采用何种方法，对自身的情绪调节都是有好处的。但年轻人只热衷于其中那种隐蔽的方式，反映出在交友或是处理同事关系方面，这些年轻人存在很多误区或是不正确的地方，宁愿告诉陌生人也不跟家人或是朋友交流，说明他们相互之间的信任度很低。

宣泄情绪，需要一种积极向上的方式，这种方式应该是阳光的，有透明度的，这样，才会有助于我们建立一种达观的人生态度。下面我们就一起来了解一下几种宣泄情绪的方法。

1. 利用语言暗示的作用缓解不良情绪

当你被不良情绪所压抑的时候，可以通过语言暗示来调整和放松心理上的紧张，使不良情绪得到缓解。语言是一个人情绪体验强有力的表现工具。通过语言可以引起或抑制情绪反应，即使不出声的内心语言，也能起到调节作用。发怒时，你可以暗示自己“不要发怒”“发怒会把事情办坏的”；陷入忧愁时，你可以提醒自己“忧愁没有用，于事无益，还是面对现实，想想办法吧”，等等。在松弛平静、排除杂念、专心致志的情况下，进行这种自我暗示，对情绪的好转大有益处。

2. 了解生物节律，尊重情绪规律

人是有生物钟和生物节律的，比如有的人是早起型，有人是晚睡型，有人早晨效率高，有人下午头脑好，其实情绪也一样有它的节律。所以我们要熟悉自己的生物节律和情绪周期，合理安排时间，这样便能得到更有效率的成果，从而避免消极情绪的不良影响。

3. 保证充足的睡眠，让情绪好好休息

匹兹堡大学医学中心的罗拉德·达尔教授的一项研究发现，睡眠不足对我们的情绪影响极大，他说:“对睡眠不足者而言，那些令人烦心的事更能左右他们的情绪。”

当你每天睡眠不足，强打精神把自己控制在办公桌前，烦躁、抑郁、焦虑、担忧等不良情绪也会轻易找上你，不仅使你工作效率全无，而且还影响自信心。当然，多少睡眠量能满足自己的需求因人而异，但最起码要保证充足的高质量的睡眠，这也是保持良好情绪，取得好成绩的重要保证。

第四节　情绪选择：让积极成为你性格的一部分

好情绪让你更健康

情绪乐观的人会看到希望，希望是相信自己具有达到目标的意志力与方法。乐观者则能激活希望，有了希望，就有人生。要始终保持自己的情绪稳定、乐观是健康的需要，也是你生活乃至生命的需要。

“笑一笑，十年少”。许多研究证实：长寿老人的最大特点之一是具有乐观情绪。美国一份长期对 300 名受试者所做的研究显示：笑会改善生理健康，经常笑和具有良好幽默感者，活得健康。调查表明，战争结束后，胜利者的伤口愈合得比失败者要快。因为快乐、笑不仅能够克服压力，更能促进呼吸和血液循环，分泌有益于身体的激素，并会抑制压力产生的有害激素。

心情愉快、心态平和更能促进人做弹性与复杂的思考，有助开拓思路与自由联想，有助于提高智能。所以人们把乐观情绪称之为心理健康的灵丹妙药。正如马克思所说：“一种美好的心情比十服良药更能解除生理的疲惫和痛楚。”

你是否有过这样的经历：当情绪高涨，处于兴奋、愉悦状态的时候，就会感觉自己所向无敌，做起事情来也得心应手，特别顺畅。而当你感觉沮丧、灰心失望的时候，即便很简单的事情，也会变成挡住去路的高墙，让你感到无能为力。

乐观与悲观可以说是人们给自己解释成功与失败的两种不同方法。乐观者把失败看作是可以改变的事情，这样，他们就能转败为胜，获得成功；悲观者则认为失败是由其内部永恒的特性所决定的，他们对此无能为力。这两种迥然不同的看法对人们的生活质量有着直接的、深刻的影响。

法国作家雨果曾说过：“思想可以使天堂变成地狱，也可以使地狱变成天堂。”

我们要认识到危机即是转机，遇到困难，产生压力，一方面可能是自己的能力不足，因此整个问题处理过程，就成为增强自己能力、发展成长重要的机会；另一方面也可能是环境或他人的因素，则可以理性沟通解决，如果无法解决，也可宽恕一切，尽量以正向乐观的态度去面对每一件事。如同有人研究所谓乐观系数，也就是说一个人常保持正向乐观的心，处理问题时，他就会比一般人多出 20% 的机会得到满意的结果。因此正向乐观的态度不仅会平息由压力而带来的紊乱情绪，也较能使问题导向正面的结果。

大家都知道，人的健康是和心理健康有密切关系。我们的心中如果常带有负面消极的心理，是会影响身体的健康。因此，为了健康我们要努力把内心的阴暗面排除，用积极乐观的情绪面对生活，对我们的健康更有好处。

任何时候都要看到希望

人最宝贵的东西是生命，生命对于每个人只有一次，而且，每个人的生命都是父母生命的延续，因此，任何人都没有任何理由来轻视自己的生命。

在生活中，很多人都常常有一时冲动的心理现象，冲动是在理性不完整的状况下的心理状态和随之而来的一系列行为，也属于意志脆弱的一种表现。

有好多年轻人因为父母或者他人的一句话或一些不如意的事情就产生了自杀的念头。有的是在工作与事业上受到挫折而心灰意冷，便没有勇气活下去。但还有一些人往往自杀未遂，而在身心上留下了终生的遗憾。

李大钊说："求乐的人生观，才是自然的人生观、真实的人生观。"

约翰是一家公司的销售主管，他的心情总是很好。当有人问他近况如何时，他回答："我快乐无比。"

如果哪位同事心情不好，他就会告诉对方怎么去看事物好的一面。他说："每天早上，我一醒来就对自己说，约翰，你今天有两种选择，你可以选择心情愉快，也可以选择心情不好，我选择心情愉快。每次有坏事情发生，我可以选择成为一个受害者，也可以选择从中学些东西，我选择后者。人生就是选择，你要学会选择如何去面对各种处境。归根结底，由你自己来选择如何面对人生。”

有一天，他被三个持枪的歹徒拦住了，歹徒朝他开了枪。

幸运的是发现较早，约翰被送进了急诊室，经过18个小时的抢救和几个星期的精心治疗，约翰出院了，只是仍有小部分弹片留在他体内。

6个月后，他的一位朋友见到了他。朋友问他近况如何，他说：“我快乐无比。想不想看看我的伤疤？”朋友看了伤疤，然后问当时他想了些什么。约翰答道：“当我躺在地上时，我对自己说有两个选择：一是死；一是活。我选择了活。医护人员都很好，他们告诉我，我会好的。但在他们把我推进急诊室后，我从他们的眼神中读到了‘他是个死人’。我知道我需要采取一些行动。”

“你采取了什么行动？”朋友问。

约翰说：“有个护士大声问我对什么东西过敏。我马上答‘有的’。这时，所有的医生、护士都停下来等我说下去。我深深吸了一口气，然后大声·道：‘子弹！’在一片大笑声中，我又说道：‘请把我当活人来医，而不是死人。’”

约翰就这样活下来了。

人生在世，我们根本就无法做到事事顺心，总会碰到这样或那样的困难。只有那些在逆境中不心灰意冷、积极乐观的人，才能战胜困难，享受胜利的喜悦，否则，便会被困难压倒。因此，当我们遇到事情后，一定要运用选择的权力，摒弃消极悲观的想法，选择积极乐观的想法，学会快乐。这样，你的生活才会充满阳光，你才会活得轻松、惬意。

杂志撰稿人鲁斯最初知道自己身患重病是在五年前，当时，他去买人寿保险，做心电图发现冠状动脉有阻塞症状之后遭到保险公司的拒绝。保险公司的医生说，他只能再活一年半，而且必须辞掉杂志撰稿人的工作，也不能参加任何体育活动。那时，他才 37 岁。

鲁斯不愿放弃自己那种生龙活虎的生活方式，下决心找出另外的办法活下去，他想通过锻炼保持心脏的健康。同时，他又为自己定了一个大胆的治疗方案。他服用大量的维生素 C，再对自己实行一种"幽默疗法"——连着看大量的喜剧片，读著名作家写的滑稽作品。他后来说："我很高兴地发现，捧腹大笑 10 分钟就能起到麻醉作用，使我至少能够不觉得疼痛地睡上两个小时。"

到现在为止，五年过去了，他还活着。

鲁斯现在认为，紧张和压力之类的消极力量会使身体虚弱，而快乐、信心、欢笑、希望等积极乐观的力量会使身体强壮。"倘若说我们战胜沮丧的乐观情绪的力量不能在身体里引起生物化学上的积极变化，我是绝不相信的。"鲁斯说，"我们能够想办法让自己活下去。每当犯病到了医院的时候，院长和治心脏病的专家都在等着我。我说：'没事，各位别紧张。我希望你们了解，我是到你们医院来过的最顽强的病人。'"

鲁斯从经验当中得出一个信念：乐观的心情比药物还有用。他说，这一点应当引起医疗专家的重视。"如果乐观情绪本身能够起到医疗作用的话，就不应该忽略，而要当成所有疗法的一个组成部分。”

情绪也是一种力量，它是一种源于人的内心的力量，我们绝不能忽视乐观情绪的力量，它不仅仅是帮助你建立一个好的心态，在坚强的意志的帮助下，它甚至可以挽救一个人的生命。

变被动为主动

在波涛汹涌的大海中，有一艘船在波峰浪谷里颠簸。一位年轻的水手爬向高处去调整风帆的方向，他向上爬时犯了一个错误——低头向下看了一眼。

浪高风急顿时使他恐惧，腿开始发抖，身体失去了平衡。这时，一位老水手在下面喊：“向上看，孩子，向上看！”这个年轻的水手按他说的去做，重新获得了平衡，终于将风帆调好。船驶向了预定的航线，躲过了一场灭顶的灾难。

不要被动地接受外界给你造成的压力，要学会主动反击，这样，你就会发现很多事情都会有转机的。换一下位置，寻找对自己最有利的一面，从多个角度去分析事物、看待事物。其实很多时候，换个角度，是在多给自己一份信心，多为自己创造一些机会。

在她的职业生涯中，每一步都是组织上安排的，自己并没有什么自主权。但在每一个岗位上，她都有自己的选择，那就是要比别人做得更好。

大学毕业那年，她被分到英国大使馆做接线员。在很多人眼里，接线员是一个很没出息的工作，然而任小萍在这个普通的工作岗位上做出了不平凡的业绩。她把使馆所有人的名字、电话、工作范围甚至连他们家属的名字都背得滚瓜烂熟。当有些打电话的人不知道该找谁时，她就会多问几句，尽量帮他（她）准确地找到要找的人。慢慢地，使馆人员有事外出时并不告诉他们的翻译，只是给她打电话，告诉她谁会来电话，请转告什么，等等。不久，有很多公事、私事也开始委托她通知，她成了全面负责的留言点、大秘书。

我们无法选择最开始的路，但我们可以选择轻松行走的方式。

主动是一种很重要的姿态，表明我们积极对待问题的态度；主动也是一种高度合作的模式，帮助我们成为别人喜欢的合作伙伴；主动是很好的学习模式，让我们在不断的进取中塑造新能力；主动也是对自己的一种挑战，因为主动承揽而使得自己有更明确的责任去整合资源、实现承诺。因此，主动往往是领导者或者魅力者的基本条件之一。

但是主动也不是完全没有问题，主动者有时候可能侵犯到别人看作是自己地盘的事情，主动者可能被一些人看作好事者，主动者也有可能给自己揽下不全是搞得定的事情。但是，主动是一种技能，它需要在操练中才能把握好火候与分寸，所以我们看到主动所带来的最核心的问题，实际上是因为我们主动不够而导致的生疏所落下的毛病，而只有我们在经常的主动中反思、总结与调整，最终我们才能变得更加优秀。

幽默，情绪中的“开心果”

生活中需要幽默，幽默是高情商的表现，它更是管理自我情绪应具备的心态。发现幽默，它是情绪的开心果；应用幽默，它可缓解矛盾，调节心情，促使心理处于相对平衡状态。著名的喜剧大师卓别林曾说：“通过幽默，我们在貌似正常的现象中看出了不正常的现象，在貌似重要的事物中看出了不重要的事物。”

生活中的你，是整天一副严肃的表情，还是常能于妙趣横生中化干戈为玉帛呢？幽默并不仅仅是一种单纯说笑，它还是一种智慧的迸发、善良的表达，是交往的润滑剂，更是一种胸怀和境界。幽默不仅能增加你和同学之间的友谊，更能使一些误解得到消除。幽默就像阳光一样，可以使这个世界变得温暖明媚。

幽默的人生是乐趣无穷的人生。学会和善于运用幽默，会令我们的工作、生活更为丰富和快乐。幽默的方式方法有多种，从其性质来看，有滑稽的、荒谬的，有协调的，有出人意料的，有戏谑、诙谐、反讽、挖苦等。需要强调的是，运用幽默时，要考虑场合和对象。一般情况下，在日常社交场合中，可多用幽默；在学术性或政治性交往活动中则要慎用幽默，应注意不适当的幽默会削弱听众对主题的注意；对待敌人、恶人则要用讽刺性幽默，以便在用幽默讥讽、鞭挞对方的同时，给周围的同事、朋友以快感。

一位年轻的画家拜访德国著名的画家阿道夫·门采尔，向他诉苦说："我真不明白，为什么我画一幅画只用一会儿工夫，可卖出去却要整整一年。""请倒过来试试吧，亲爱的。"门采尔认真地说，"要是你花一年的工夫去画它，那么只用一天，准能卖掉它。"那个画家笑了。

门采尔对画家所说的话不仅让那个画家不那么郁闷，而且幽默中蕴涵深刻哲理，让人们在笑声中增长智慧。

幽默在日常生活中是很重要的，它充当着调味剂，让我们的生活更加有滋有味。它能使那种严肃、紧张的气氛顿时变得轻松、活泼，它能让人感受到说话人的温厚和善意，使其观点变得很容易让人接受。

然而真正的幽默是充满智慧的。在日常生活中，常有人由于不慎而使我们身处窘境，或是向我们提一些非分的请求，或是问一些我们不好回答或暂时不知道答案的问题。此时，我们如果直接表明"不满意""不可能"或"无可奉告""不知道"，往往会给彼此带来不快。如果我们想从窘境中脱身而出，不妨借用幽默的力量。

有一次，萧伯纳为庆贺自己的新剧本演出，特发电报邀请丘吉尔看戏："今特为阁下预留戏票数张，敬请光临指教。并欢迎你带友人来——如果你还有朋友。"丘吉尔看到后立即复电："本人因故不能参加首场公演，拟参加第二场公演——如果你的剧本能公演两场。"丘吉尔善用幽默的特点由此可见一斑。

不仅在生活中如此，即便是在政治上，丘吉尔也能够将这种智慧应用自如。丘吉尔有一个习惯，洗澡后裸着身体在浴室里来回踱步，以事休息。

二战期间，一次，丘吉尔来到白宫，要求美国给予军事援助。当他正在白宫的浴室里光着身子踱步时，有人敲浴室的门。“进来吧，进来吧。”他大声喊道。

门一打开，出现在门口的是罗斯福。他看到丘吉尔一丝不挂，便转身想退出去。“进来吧，总统先生。”丘吉尔伸出双臂，大声呼喊，“大不列颠的首相是没有什么东西需要对美国总统隐瞒的。”看到此景的罗斯福会心一笑，也被丘吉尔的机智幽默所折服。

就是通过这样直白坦率而又幽默的方式，丘吉尔最终赢得了美国总统的信任，让美国和英国结成了同盟，从而帮助自己的国家走出了困境。丘吉尔的幽默是一种智慧的力量。

然而，幽默并非天生就有，而是需要自己用心培养。幽默不是油腔滑调，也非嘲笑或讽刺。正如有位名人所言：浮躁难以幽默，装腔作势难以幽默，钻牛角尖难以幽默，捉襟见肘难以幽默，迟钝笨拙难以幽默，只有从容、平等待人、超脱、游刃有余、聪明透彻才能幽默。

培养你的积极情绪

命运不会吝啬给我们苦楚，可是如果我们保持乐观的心态，那么即便是有再多的苦楚，我们也能将其掩埋在微笑之下。

钟爱东，百庙鱼塘的主人，被评为省“巾帼科技兴农带头人”。

从一名普通的下岗女工到身家千万的养殖大王，不惑之年的钟爱东仍然勤劳淳朴。事业几经起落，她说，横下一条心，没有过不去的坎儿。

1997年1月1日，钟爱东不能忘却的日子，这一天，本以为捧上“铁饭碗”的她下岗了。在这家工厂工作了近20年，还成了厂里的“一把手”，钟爱东说，她把全部的心血、最好的青春年华，都给了工厂，甚至没有时间照顾年幼的孩子，“当时觉得，心里有什么东西被人硬掰了下来。”钟爱东说，那天，她哭了。

下岗后，她接到的第一个电话，是花都区妇联打来的，她说，就是这个电话，在最艰难的时候教会她“用笑容去迎接困难”。钟爱东在当厂长的时候就经常与周围的农民接触，知道养殖水产有赚头，看准这一点，她拿出了仅有的2000元“箱底钱”，又东奔西走借了些款，一咬牙承包了200亩低洼田，资金不够，就赚一分投入一分，滚动式周转。几年下来，天天“泡”鱼塘、搞技术，200亩低洼田变成了水产养殖地。钟爱东说，那时鱼塘就是她全部的生活了。她每天早上都要花一个小时绕池塘走上一圈。

钟爱东没想到，生活中的第二次打击来得这么快。1997年5月8日，是钟爱东伤心的日子。那一天，一场大洪水湮灭了她刚刚兴旺的鱼塘。站在堤坝上，看着不断上涨的洪水一点点吞没了鱼塘，钟爱东绝望地回了家。“在哪里跌倒就从哪里爬起来。”钟爱东说，这是当时丈夫说的唯一的话，倔强的她这次没有流泪。

她开始带着工人挖塘、养苗，引进新技术、新鱼种，被洪水湮灭的鱼塘一点点“回来”了。

钟爱东成了远近闻名的“鱼王”，鱼塘越做越大，还办起了企业。多年的艰难经营，“养鱼为生”的钟爱东对技术情有独钟：一个没有创新、没有新产品的企业，就像脱水的鱼。

钟爱东有个温暖的四口之家，她说，在最困难的时候，家人的支持成了她的精神支柱。“当初好多次想到放弃，是他们帮我挺过了难关。”屡经磨难，钟爱东说最重要的是要学会如何看待失败，“下岗、失败都不用怕，路是自己走出来的，认定目标走下去，一定会成功。”

生命，有起有落，有悲有喜，起伏不定，但是太阳却依然光亮，月亮仍然美丽，星星依旧闪烁……一切的一切仍旧是那么和谐，而生命，依然会有着更绚烂的色彩等待我们去开发，明天，总是美好的，只要我们有心，在艰难中咬紧牙关，就能够在痛苦中盼来新的晨曦。

苦难无可避免，反复低落的情绪是每个人都会经历的，但我们可以选择一种更健康、更快乐、更放松的生活方式，重新寻得内在的平静和快乐。

第六章

借助心态的力量，打造成功人生

第一节　从现在开始，发掘心态的力量

勇于冒险，冲破内心的厚茧

一个卓越的人，不仅将他的工作安排得井井有条，甚至他的生活也被编排得丰富多彩。

生活中大多数时光都是平淡的，只有冒险才能让生活中少数的亮点更加精彩，令人回味。因此，卓越的人都会喜欢冒险，喜欢接触一些新鲜陌生的事物。

当然，冒险不同于鲁莽，二者是有本质区别的。如果你把一生的储蓄孤注一掷，采取一项引人注目的行动，在这种行动中你有可能失去所有的东西，这就是鲁莽轻率的举动。如果你由于要踏入一个未知世界而感到恐慌，然而还是接受了一项令人兴奋的新工作，这就是大胆的冒险。

没有冒险就很难取得成功，让我们敢于做第一个吃螃蟹的人吧！

古列特就是一位敢于冒险的人。他生于美国，在德国长大。

他26岁时来到美国纽约，选择了钢材原料与工具的进出口贸易作为自己的奋斗目标。这种业务就属于那种以自己的资金为赌注来做生意的冒险行业。

他所从事的行业充满风险和危机。事实上，钢铁市场行情涨落确实非常极端，常使从业者坐立难安！

一个青年胆敢单枪匹马来到一个陌生的地方从事如此一项充满冒险的工作，他的勇气从何而来？

古列特说："这种与钢铁有关的买卖发展需要很长的一段时间，且长久以来一直由厂商所垄断，像我这种'外来人'要想分一杯羹，可以说是毫无机会可言。因此，我必须冒险一搏。"

"冒险一搏才能赢"，就是古列特勇气与毅力的来源，其公司的建立便是根植在这种坚强的心理基础之上。

在公司创立不久后，他被征召入伍了，但是战争结束后，他扩大营运规模，大大小小的钢铁制品他皆负责经营。一年的时间中，他至少有一半的时间在外奔波，忙于寻找新顾客与拓展新市场，并在投资与经营手段上连连使出冒险妙招，使公司的业务量直线上升。他有时甚至远渡重洋，飞往各国，与客户洽商。多年来，他一直过着一个星期工作6天，一天工作12小时的生活，辛劳远超过常人，但他仍然干劲十足。

到20世纪50年代末，古列特的公司已成长到每年有1000万美元的业务，收益在100万美元以上，他个人一年的平均所得达40万美元之多。

可以说，其公司业绩已相当可观。

如果古列特当初没有冒险之心，也许就不会取得今天这种成果。

古列特由于本身十分乐于迎接挑战，所以他敢于冒险去创造机会，从而得以与幸运之神相遇。

要想获取成功，就要有冒险的精神，用阳光心态，全神贯注地做好准备，随时出击，牢牢地抓住机会。

世界的改变、生意的成功，常常属于那些敢于抓住时机、适度冒险的人。有些人很聪明，把不测因素和风险看得太透了，不敢冒一点险，结果聪明反被聪明误，永远只能“糊口”而已。实际上，如果能在准备阶段就对风险有判断，规划转化风险的方法，则风险并不可怕，相反，适度的冒险也许能为你带来财富和幸运。

善待压力，压力可以变动力

我们每个人都听说过或玩过一种叫“陀螺”的玩具，它是一种只有在外力抽打的情况下，才会旋转的玩具，而且外力越强大，它旋转得越快。身在职场，我们要学习陀螺的精神，在压力面前让自己永葆旺盛的斗志和持久的耐力。

人在职场，不可能没有竞争压力，但许多人视竞争对手为心腹大患，视异己为眼中钉、肉中刺，恨不得欲除之而后快。其实，能有一个强劲的对手，反而是一种福分、一种造化，因为一个强劲的对手会让你时刻都有危机感，会激发你更加旺盛的精神和斗志。

加拿大有一位享有盛名的长跑教练，由于在很短的时间内培养出好几名长跑冠军，所以很多人都向他探询训练秘密。谁也没有想到，他成功的秘密仅在于一个神奇的陪练，这个陪练不是一个人，而是几只凶猛的狼。

因为这位教练给队员训练的是长跑，所以他一直要求队员从家里出发时一定不要借助任何交通工具，必须自己一路跑来，作为每天训练的第一课。有一个队员每天都是最后一个到，而他的家并不是最远的，教练甚至想告诉他改行去干别的，不要在这里浪费时间了。

但是突然有一天，这个队员竟然比其他人早到了20分钟，教练惊奇地发现，这个队员这天的速度几乎可以打破世界纪录。

原来，在离家不久经过一段5公里的野地，他遇到了一只野狼。那野狼在后面拼命地追他，他在前面拼命跑，最后，那只野狼竟被他给甩下了。

教练明白了，这个队员超常发挥是因为一只野狼，他有了一个可怕的敌人，这个敌人使他把自己所有的潜能都发挥了出来。

从此，这个教练聘请了一个驯兽师，并找来几只狼，每当训练的时候，便把狼放开，没过多长时间，队员的成绩都有了大幅度的提高。

日本的游泳运动一直处于世界领先地位，有人说，他们的训练方法也很神奇：日本人在游泳馆里养着很多鳄鱼。

队员每次跳下水之后，教练都会把几只鳄鱼放到游泳池里。几天没有吃东西的鳄鱼见到活人，立即兽性大发，拼命追赶运动员。而运动员尽管知道鳄鱼的大嘴已经被紧紧地缠住了，但看到鳄鱼的凶相时，还是条件反射似的拼命往前游。

无论是加拿大人还是日本人，他们无疑都明白了这样一个道理，敌人的力量会让一个人发挥出巨大的潜能，创造出惊人的成绩，尤其是当敌人强大到足以威胁你的生命时。敌人就在你的身后，只要你一刻不努力，生命就会有万分的惊险和危难。

在我们的现实生活中，大多数人天生是懒惰的，都尽可能逃避工作。他们大部分没有雄心壮志和负责的精神，宁可期望别人来领导和指挥。就算有一部分人有着宏大的目标，也缺乏执行的勇气。他们对组织的要求与目标漠不关心，只关心个人；他们缺乏理性，不能自律，容易受他人影响；他们工作的目的在于满足基本的生理需要与安全需要。

只有少数人勤奋，有抱负，富有献身精神，他们能自我激励、自我约束。

人们之所以天生懒惰或者变得越来越懒惰，一方面是所处环境给他们带来安逸的感觉；另一方面，人的懒惰也有着一种自我强化机制。由于每个人都追求安逸舒适的生活，贪图享受便在所难免。

此时，如果引入外来竞争者，打破安逸的生活，人们立刻就会警觉起来，懒惰的天性也会随着环境的改变而受到节制。

所以，善待你所面对的压力吧！千万别把它当成你前进的“绊脚石”，而应该把它当作你的一剂强心针，一台推进器，一个加力档，一条警策鞭。欢迎生活、工作中的一切压力吧，因为它们的存在，才让你成为一只旋转得越来越快的陀螺。

打败懈怠，培养进取心

舒适的诱惑和对困难的恐惧征服了许多人。进取心如果不能持之以恒，并不总是能战胜懈怠这个大敌，不能把人们一如既往地引向更美好的事物。而懒惰则是安于平庸的先兆，所以，进取心的第一个敌人是懈怠。

数十年前，高中毕业下乡插队的张女士顶替父职到某企业工作，先后当过工人、车间调度、总公司办公室收发兼档案管理，饱经风霜的她任劳任怨。近年来，企业经营不景气，单位进行机构改革与调整，此时此刻，她猛然意识到自己年龄大、学历低，又无专长，下岗的忧患时刻威胁着自己。她思虑再三，决心在短期内掌握一技之长。

平常在工作中她帮打字员校对文稿，发现那位打字员不仅打字速度慢，而且错漏百出，校对后还要耗时修改，工作效率很低，公司里的几位老总都对其不满。看来，换人是迟早的事。

于是，张女士利用空闲时间苦练电脑打字技术，这对40多岁的她来说确实不容易。经过大半年时间的刻苦学习，她的录入速度提高到每分钟50字，而且准确率相当高，几乎可以免除校对了。文稿排版美观大方，文字摆放疏密有致，令人赞不绝口。

不久，一位学档案管理专业的大学生接替了她的工作，她则被聘为办公室打字员。而那位比她年轻十多岁的前任则无可奈何地下了岗。

可见，想在这个社会上赢得一席之地，就必须养成居安思危的习惯。如果做一份什么人都可以做的工作而又不思进取，那么说不定什么时候就被人淘汰了。

人皆有惰性，一旦条件优越，就难免不思进取。然而，一个人要想在异常激烈的社会竞争中不被淘汰，还是有一点危机意识的好，这样就可以未雨绸缪，主动出击，多一点生存的技能与智慧，对未来就多几分机会与把握。

在社会需要的压力下，在人类渴望美好事物的进取心的指引下，人类文明获得了长足的进步。只要我们尽力做好本职工作，不断付出努力，尚未实现的理想终究会变为现实。

推动生命向上的力量，也使别人对我们充满了信心。人们不沉溺于过去，不满足于现实的所有，而是努力地走向更高、更舒适的位置，努力学习新的知识，努力把自己塑造得更加优雅和高尚，努力获得更多财富和追求更高的社会地位。

生活中，一些极富潜力的人满怀希望地出发，却在半路停了下来，满足于现有的温饱和生存状态，选择放弃、逃避、退却。他们忽视、掩盖并且放弃前进，这样他们就失去了这一力量的引导，他们同时也失去了生命向他们提供的许多东西。他们都是易于满足的人。满足于现状者的典型特征就是放弃攀登，他们无视山峰为他们提供的机会，永远欣赏不到山顶的景色，然后庸庸碌碌地度过余生。对于一个满足于现状的人来说，他没有任何更好的想法、更美的愿望，他不知道是不满足造就了人类伟大的精英。

只有当我们不满足于现状时，我们才会分享到进取心带来的无穷力量。

能量，在体验中爆发

一个人能取得多大的成功，不是取决于一个人才能的高低，而是取决于他有多高层次的需要。在同样的一个社会，一些人成就大业，一些人取得小成功，一些人一蹶不振。不少人为了一个远大的目标，能经受长年累月的奋斗考验，进行长期的努力，也有不少人虽向往成功，却经受不起几次挫折便向困难投降。

你的需要是什么？产生的内在动力是强还是弱？一匹小马达也许可以带动一辆小拖车，但绝对带动不了一列火车。

你想成就大业，很好。但你必须了解带动火车飞速前进的动力机车与一般小马达的区别。确切地说，你必须了解你内心世界能推动你前进的动力是什么，有多大。

一般情况下，人们必须先生存后发展，所以人的低层次生理需要、安全需要比高层次的爱的需要、尊重的需要更加强烈。自我实现的需要，一般要在前面四个层次的需要得到基本满足之后才会产生。

有些人由于长期没有得到低层次需要的满足，可能会永久地失去对高层次需要的追求。然而，从成功的大小来说，高层次的需要推动大成功，低层次的需要推动小成功。

有一位名叫麦克法兰的世界级运动员，两岁半便双目失明，但他硬是在母亲的鼓励和父亲的帮助下，以自己身体各个部分的“肌肉记忆”感知世界，不仅具有顽强的生存本领，而且在摔跤、游泳、掷铁饼、掷标枪等体育项目中获得了全国和国际比赛的 103 枚金牌，改变了盲人只能靠拐杖或导盲犬生活的命运，创造了许多健全者也难以创造的奇迹。

另一位著名人物的经历也很感人。

1921 年 8 月，一位 39 岁的美国人突然患了急性脊髓前角灰质炎，双腿僵直，肌肉萎缩，臀部以下全麻痹了。而这个沉重的打击发生在他作为民主党的副总统候选人参加竞选而败北以后，他的亲属、挚友都陷入极度失望之中，医生也预言他能保住性命就是万幸。但他不屈服于命运的坚强意志使他无论如何也“不相信这种娃娃病能整倒一个堂堂男子汉”。

为了活动四肢，他经常练习爬行；为了激励意志，他把家里的人都叫来看他与刚学会走路的儿子进行比赛，一次次都爬得气喘吁吁，汗如雨下……目睹那催人泪下的场面时谁也没想到，十余年以后，他竟奇迹般当选为美国第 37 届总统，坐着轮椅进入白宫。他，就是美国历史上唯一一位连任四届的总统罗斯福。

欲望的力量是惊人的，只要你用强大的欲望之力去推动你成功的车轮，你就可以平步青云，攀上成功之岭，改变生活中的一切。

像罗斯福这样的例子还有很多很多。如果把世界上类似的奇迹都倒推回它们刚刚开始出现的那种状态，我们就会惊奇地发现：一切都是从似乎“不可能”开始的。穿过开始和结局之间那个充满了拼搏奋斗、挫折失败和一个个小成功的漫长过程，我们发现这句凡人格言总是会得到证明：欲望可以改变一切。

在你的头脑中也有自我实现的钥匙，在你的身边埋藏着无数愿望，把它们发掘出来加以培养，转化成强烈的欲望，你就可以成为一个真正卓越的人。

积极心态开启能量之门

无论做什么样的工作，工作程序烦琐复杂也好，简单易行也好，都需要我们保持正确的工作态度，认真、敬业、勤奋，这些品质任何时候、任何场合都不会过时。

员工的态度决定他的工作表现，而优秀与卓越的态度会直接影响到整个团队的凝聚力、向心力，并能推动企业的良性发展。

企业如同一棵参天大树，如何生长需要我们的共同努力、供给养料。但是那些态度不良的员工就是企业里的蛀虫，如果不及时“除害”，恐怕真的会发生“蚍蜉撼大树”的事情。

张明是通讯部新来的主管，良好的教育背景和多年的从业经历，以及在工作上所显露出来的过人才华，使他很快就成为公司的明星人物。然而过了不久，大家发现：

他的手机总是叮叮作响，仿佛有接不完的私人电话，和下属的谈话也老是被这样的电话打断。时间长了，同事们都颇有微词。

部门例会，他迟到了，不是像其他人那样谨慎地点头致歉，而是旁若无人地走进会议室，依然嚼着口香糖；当其他同事发言时，他不是懒洋洋地靠在椅背上，就是拿着笔在纸上涂鸦。

张明在项目决策上很难听取其他人的意见。同事们也承认大多数时候他提出的方案是相当有创意的，但他对于其他方案所流露出来的不屑一顾的态度，却怎么都让人难以接受。

几个月后，通讯部经理调到其他部门，通讯部经理一职虚位以待。张明认为自己自然是首选。但结果，他落选了。在讨论这一职位的人选时，总经理认为张明“恃才自傲，难与他人合作，难以胜任经理一职”。

是的，张明确实已经具备了过人的才能，但他在工作态度上却出了问题。张明式的人物很难给公司带来活力与动力，他自己在公司也很难获得更大的发展。

企业需要的是那种既有才能，又有良好的态度，并且能够适应企业需求的人。江勤就是这样一位很受企业欢迎的员工。他不但用卓越的态度塑造了良好的职业形象，而且还带动了部门甚至整个企业的发展。

江勤是贸易部的经理，公司的大忙人，不论是出货进货的细节，还是与国内外客户的接触，他都认真对待，毫不含糊。对于本部门的内部事务也都处理得井井有条。如果发现同事工作上遇到了什么难题，或是因情绪波动而影响工作，他都会耐心地询问，并积极地帮他们解决问题。在他的带领下，贸易部每年的业绩都是全公司最好的。

江勤要求自己用积极的态度投入到每一份工作中，他希望通过自己的努力，贸易部甚至公司都能有更好的发展空间。事实上，这一切都在悄然进行着，在扩大公司发展空间的同时，他也为自己开创了更广阔的平台。

在企业这棵大树上，我们就像树上的枝丫。只有企业繁荣了，才有我们的枝叶繁茂。我们与企业的关系不是此消彼长，而是同荣辱、共存亡。所以，我们应时时刻刻对自己严格要求，用最卓越的态度面对工作、面对企业，用自己的责任与努力推动企业的发展。

第二节　以最佳心态，活出全新的自己

定位，找到你的专属航向标

在纽约华尔街附近一间餐馆打工的一位中国MBA留学生，一晚对着餐馆大厨再次老生常谈地发誓说："看着吧，总有一朝我会打入华尔街去。"大厨侧过脸来好奇地询问他："你毕业后有什么设想？"中国MBA利落地应声道："当然最好是马上进跨国公司，前途和钱途就都有保障了。"大厨又说："我没问你的前途和钱途，我问的是你将来的工作志趣和人生志趣。"MBA一时语塞。大厨叹口气嘟囔道："要是经济继续低迷，餐馆歇业，我就只好去当银行家了。"中国MBA差点惊了个跟头，他觉得不是大厨精神失常，就是自己的耳朵幻听，眼前这位自己一向视为低人一等的大老粗，跟银行家岂能扯得上。大厨盯着惊呆了的MBA解释说："我以前就在华尔街的银行里上班，日出而作，日落却无法息，每天都午夜后才回家，我终于厌烦了这种劳苦生涯。我年轻的时候就喜爱烹饪，看着亲友们津津有味地吃我做的饭菜，赞叹我的厨艺，我便乐得心花怒放。一次午夜两点多钟，我结束了一天的工作，在办公室里嚼着令人厌恶的汉堡包时，我开始下决心辞职去当一名专业美食家，这样不仅可以满足自己挑剔的肠胃，还有机会为众人献艺。”

大厨因为明白自己想要的是什么，他有自己的人生规划，有自己的清晰定位，而不是盲目的空想，因此，他敢于舍弃银行家的优厚待遇，过自己想要的生活。几乎所有的人都渴望鲜花和掌声，因为它们代表功成名就，能给人带来荣誉与成就感，且更多的是来自内心对自我的肯定，这种满足感是其他事物所不能给予的。

没有人会否认事业带给我们的自豪和喜悦，如同上面那位大厨一样，他的内心幸福是他人所不能了解的。

我们对自身的定位决定了我们的事业发展，因为清晰的定位就是我们所憧憬的职业蓝图。

有这样一个大家熟知的故事：

一位心理学家为了了解人们对于同一件事情在心理上所反映出来的个体差异，他来到一所正在建筑中的大教堂，对现场忙碌的敲石工人进行访问。

心理学家问他遇到的第一位工人：“请问你在做什么？”

工人没好气地回答：“在做什么？你没看到吗？我正在用这个重得要命的铁锤，来敲碎这些该死的石头。而这些石头又特别的硬，震得我的手又酸又麻，这真不是人干的工作。”

心理学家又找到第二位工人：“请问你在做什么？”

第二位工人无奈地答道：“为了每天500美元的工资，我才会做这份工作，若不是为了一家人的温饱，谁愿意干这份敲石头的粗活？”

心理学家问第三位工人：“请问你在做什么？”

第三位工人眼光中闪烁着喜悦的神采：“我正参与兴建这座雄伟华丽的大教堂。落成之后，这里可以容纳许多人来做礼拜。虽然敲石头的工作并不轻松，但当我想到，将来会有无数的人来到这儿，在此接受上帝的爱，便常为这份工作献上感恩之心。”

同样的工作，同样的环境，却有如此截然不同的态度。为什么有人抱怨、有人快乐呢？原因就在于，前者没有为自己定位：你在做什么？你为什么要这么做？如果没有别的选择，那为什么不安于自己的位置，快乐工作呢？

第一种工人，是完全无可救药的人。可以设想，在不久的将来，他们将不会得到任何工作的眷顾，甚至可能成为生活的弃儿。

第二种工人，是没有责任和荣誉感的人。对他们抱有任何希望都是徒劳的，他们抱着为薪水而工作的态度，为了生存而工作。他们肯定不是企业可依靠和老板可依赖的员工。

该用什么语言赞美第三种工人呢？在他们身上，看不到丝毫抱怨和不耐烦，相反，他们是具有高度责任感和创造力的人，他们充分享受着工作的乐趣和荣誉。在这样的人的眼里，绝对没有困难是不能够解决的，他们时时洋溢着旺盛的激情。同时，因为他们努力工作，工作也带给了他们足够的荣誉。他们不仅是在工作，更是在描绘辉煌的职业蓝图。

20世纪30年代，英国一个不出名的小镇里，有一个叫玛格丽特的小姑娘，自小就受到严格的家庭教育。父亲经常向她灌输这样的观点："无论做什么事情都要力争一流，永远做在别人前面，而不能落后于人。即使是坐公共汽车，你也要永远坐在前排。"

对年幼的孩子来说，他的要求可能太高了，但他的教育在以后的年代里被证明是非常宝贵的。父亲的"残酷"教育培养了玛格丽特积极向上的决心和信心。在以后的学习、生活和工作中，她时时牢记父亲的教导，总是抱着一往无前的精神和必胜的信念，尽自己最大努力做好每一件事情，事事必争一流，以自己的行动实践着"永远坐前排"的教导。

正因为如此，44年以后，英国政坛才出现了一颗耀眼的明星，她就是保守党领袖，并于1979年成为英国第一位女首相，雄踞政坛长达11年之久，被世界政坛誉为"铁娘子"的玛格丽特·撒切尔夫人。

"永远都要坐前排"，这就是玛格丽特·撒切尔夫人给自己的定位。一个人能达到怎样的高度，首先要看你把自己定位在什么高度。定位，是一个人专属的航向标，有了明确的定位，再加上积极的人生态度，你就能描绘出属于自己的宏伟蓝图。

真诚，托举梦想的力量

常言道："精诚所至，金石为开。"

可见真诚的力量之大。做一个真诚的人，就象征着你已经成功了一半。真诚是一个人事业上的强大助手，拥有了真诚，就拥有了强大的社会人脉关系。

诚心诚意地对待他人，你将获得别人的信任与好感，获得不少真正的朋友，而你的友谊将更长久，事业将更顺利。

曾经打败过拿破仑的库图佐夫，曾在给俄国的叶卡捷琳娜公主的信中说:“你问我靠什么魅力凝聚社交界如此多的朋友？我的回答是:‘真实、真诚和真情。’”

在日常生活中，我们与人交往，也必须像库图佐夫一样，做到真实、真诚再加上真情，这样才会取得意想不到的效果。

关于诚实，日本大企业家小池曾说过:“做人就像做生意一样，第一要诀就是诚实。诚实就像树木的根，如果没有根，树木就别想有生命了。”

我们可以从小池的人生经历来印证他这句话。

小池出身贫寒，20岁时就在一家机器公司当推销员。有一个时期，他推销机器非常顺利，半个月内就跟33位顾客做成了生意。之后，他发现他们卖的机器比别的公司生产的同样性能的机器昂贵。他想，同他订约的客户如果知道了，一定会对他的信用产生怀疑。于是深感不安的小池立即带着订约书和订金，整整花了三天时间，逐家逐户地去找客户，然后老老实实地向客户说明，他所卖的机器比别家的机器昂贵，为此，他请他们废弃契约。

这种诚实的做法，使每一个订户都深受感动。结果33人之中，没有一个跟小池废约的。相反，都加深了对小池的信赖和敬佩之心。

诚实具有惊人的魔力，它像强力的磁石一样吸引别人的注意和好感。后来，人们就像小铁片被磁石吸引似的，纷纷前来小池的店购买东西或是向他订购机器。这样不多久，他就成为钞票满天飞的人了，并很快创立了山一证券公司。

他常对员工说："你们应该记住，做生意前最重要的就是要有为顾客着想的正确观念，这要比玩弄花招重要得多了。"

心理学家曾对500余人进行过测试，居前几位的优良品质是正直、坦率、忠诚、真实；而不受人们喜欢甚至讨厌的不良品质主要是不守信用、欺骗、奸诈等几种。

诚实的人让人有充分的信任感。在人品上获得信任比在能力上获得信任更有效、更持久。诚实的品质之所以被朋友作为起码的规范约定下来，被人们所重视，是因为诚实是一种高尚的人格，是对自己、他人和社会负责任的表现。人缘的好坏，很大程度上是人格高尚或是人格卑劣的对应物。对待他人真心诚意、实实在在，办事说话有根有据，不捕风捉影，把问题摆在明处，不在背后搞小动作，不耍滑藏奸，光明磊落、踏踏实实，若拥有此等胸怀与人相交办事，必然能够赢得他人好感。人人都有这样的体会，与诚实人办事，不必遮掩防范，彼此能够开诚布公，同甘共苦。

真诚的人一般都有好人缘，因为真诚的人值得信赖，值得依托。人们喜欢与真诚的人交往，只有真诚的人才能办成大事，与人相交长久。

做一个真诚的人，时刻牢记对他人的承诺，并及时兑现，我们的梦想就会越来越近。

端正心态，把握“锋芒毕露”的时机

锋芒毕露是指锐气和才华全都显露出来，多指人过分地表现自己。过分表现自己的人，心态往往是比较急躁的。人们常说：“枪打出头鸟。”锋芒太露，有时会招来祸端。

李强是一家大企业的策划总监，正是血气方刚的好时候。这个年龄段的年轻人一般都很有干劲，但是也有一些心浮气躁、恃才傲物的不良心态。

李强上任之初就把三把火烧成燎原之势，大刀阔斧撤换班底，推行改革。李强颇具才华，但因年轻气盛，因而，遭到其他中层主管的抵制。整个蓝图成了他的独角戏，手下的人不但不支持他，反而把他视为障碍，处处给他制造麻烦，让他疲于应付。最终李强越唱越难，只好挂印走人。

在现实生活中存在着这样一种自视颇高的人，他们锐气旺盛、锋芒毕露，处事不留余地，咄咄逼人。他们虽然也有充沛的精力、很高的热情，也有一定的才能，但这种人却往往在人生旅途上屡遭挫折。这其中的重要原因就是过于天真，没有摆放好心态，没有把握好隐忍与奋发的关系。

有一位分配到某单位的大学生，从下车间开始，就对单位这也看不惯，那也看不顺。在不到一个月的时间里，他就给单位领导上了洋洋万言的意见书，上至单位领导的工作作风与方法，下至单位职工的福利，都一一列了现在的问题与弊端，提出了周详的改进意见。

这位大学生还以为自己的真知灼见一定会被上层领导重视，但结果却让他大失所望。由于他的锋芒毕露，他被单位某些掌握实权的领导视为狂妄、骄傲、不知天高地厚的人，不仅没有采纳他的意见，而且借别的理由将他退回学校再做分配。

这个大学生是一个锋芒毕露者的典型。当今社会，有很多年轻人，初涉职场往往都急于显露一下自己的才能和实力，盼望尽快得到他人的认可。因而，到哪里都想方设法变成焦点，领导决策他有建议，同事发言他有看法。只要别人讲话他就想插嘴，对什么事情都有意见，急于求成，凡事都要争个“先手”，有时动不动还要来个“抢跑”。凡此种种都是锋芒毕露的表现。

殊不知，人都有表现自己聪明的欲望，世人也都存在一种嫉妒的心理，都希望自己比别人优秀。被别人比下去是很令人郁闷的事情，所以不管你的上司还是你的同事，在不恰当的时间被你比下去，这对你来说不仅是蠢事，甚至会埋下很严重的后患。“木秀于林，风必摧之”即是如此。另外，因为你处处显露自己的才干和见识，人们也会产生一种心理定势，认为你总能比别人强。一旦你有遗漏和失误，别人轻则说你还欠火候，重则落井下石，幸灾乐祸地说这是自高自大的最好报应。

锋芒毕露的人虽然取得了暂时成功，却为自己掘好了坟墓；

虽然施展了自己的才华，却也埋下了危机的种子。所以，当你在工作上有特别表现而受到肯定时，千万不要得意忘形，否则这份锋芒会为你带来人际关系上的危机。

人人都知道诸葛亮神机妙算，对庞统却是不甚了解。

其实，在东汉末年，庞统是与诸葛亮齐名的能人。但庞统天生怪异、相貌丑陋，因此不太受人喜欢。他先投奔吴国，孙权嫌他相貌丑陋没有留用他。

于是，庞统便投奔了蜀国的刘备。临行前，孔明交给庞统一封推荐信，表示一旦刘备见此推荐信定当重用他。可是庞统见到刘备时并没有将推荐信呈上，而是以一个平常谋职者的身份求见，因此，刘备只让他去治理一个不起眼的小县。

虽然如此，身怀治国安邦之才的庞统，并没有为此而耿耿于怀，他深知靠人推荐难掩悠悠众口，他要在该露脸的时候才露脸。于是，庞统当着刘备的心腹、爱弟张飞的面，将一百多天积累的公案，用不到半日就处理得干净利索、曲直分明，令众人心服口服。

庞统这种该藏则藏、该露则露，既会隐忍又能奋发的做人方式，使得他步步高升，不久后便被刘备提升为副军师中郎将。

人常说“小不忍则乱大谋”，用在这里也是非常贴切的。英雄就是这样，不仅要会忍耐，也要会奋发。常言道，“时势造英雄”，所以，奋发要掌握时机。没有第二次世界大战，哪里有朱可夫那样的元帅，哪里有丘吉尔那样的首相，哪里有罗斯福那样的总统？所以要把握住机会，不鸣则已，一鸣惊人。

现实生活中，许多身怀绝技的人都显得谦虚谨慎，把自己的“绝世武功”隐藏得非常严密。其实，这么做的主要原因就是想“不鸣则已，一鸣惊人”。这即是所谓的“既会隐忍，又能奋发”，实际上就是该藏则藏，该露则露，这就牵涉到一个“度”的问题。隐藏只是为了更好地释放，预示着他们正在寻求有利的释放时机，一旦时机成熟再充分地表现自己，使自己脱颖而出，成为众人的焦点。

因此，在现实中，尤其是身在职场，我们必须讲究隐忍的策略与艺术。锋芒毕露者，往往不会因此而走向成功，却反而容易因此遭受挫折，甚至一蹶不振。做人做事要有好心态，为人处世既要能隐忍，又要能够瞅准时机奋发，找一个合适的时机让自己“锋芒毕露”。

明确目标，永不放弃

很多人终其一生都碌碌无为，原因不是他们没有能力，而在于他们没有坚持。

一位安葬于伦敦西敏寺的英国国教主教的墓志铭上写着：“我年少时，意气风发、踌躇满志，当时曾梦想要改变世界，但当我年事渐长，阅历增多，我发觉自己无力改变世界，于是我缩小了范围，决定先改变我的国家，但这个目标还是太大了。接着我步入了中年，无奈之余，我将试图改变的对象锁定在最亲密的家人身上，但天不从人愿，他们个个还是维持原样。当我垂垂老矣，我终于顿悟了一些事：我应该先改变自己，用以身作则的方式影响家人。若我能先当家人的榜样，也许下一步就能改善我的国家，再后来我甚至可能改造整个世界，谁知道呢？”

这段话可以为我们定位人生带来一点启示，我们要实现自己的人生定位，也可以通过“先改变自己，然后再改变周围的人，进而推进整个社会的改进”这样的思路，千万不要随意放弃自己的目标。

正己而立，前提就是要有一个明确目标。这样才能够去除浮躁的心气，不至于蹉跎岁月。

马援是汉代一位著名的将领。他幼年父母双亡，由其兄马况抚养成人。他从小胸怀大志，眼光高远，深为其兄器重。王莽时期，马援在军队里当个小军官。一次上司派他率队押送一些犯人，在途中，马援看到犯人们哭得挺伤心，不由动了恻隐之心，便把犯人们都放了。私放犯人是大罪，马援只得逃亡到北方的边境，以躲避朝廷的追捕。

这种逃亡的日子没过多久，碰巧赶上朝廷大赦，马援也得以免罪。之后，他就在北方经营畜牧业和农业。他心胸宽广，乐于助人，为人忠厚而有远见，没几年时间，来归附他的人竟有好几百。他常对身边的人们说：“做人不能因为贫穷潦倒而丧失志气，不能因为年纪老迈而颓唐，丈夫为志，穷当益坚，老当益壮。”

几年后，马援有了几千头牛、羊和马匹，几万斛粮食，家产多得花不完用不尽，但他不为物累，仍旧和从前一样，过着简朴的生活。他曾感慨地对人说：“财产之所以可贵，在于能够帮助人；要不然，做个守财奴有什么意思呢？”

虽然远离军队，但是马援从小树立的雄心壮志却从来没有改变过。他一直在寻找施展自己能力的机会。

后来，怀着高远志向的马援把财产分给了他的本家和亲友，自己空身外出投军谋事，后归附了汉光武帝刘秀，为国家立下了汗马功劳。

马援之所以能够建立功勋，就在于其内心有明确的目标，时刻不忘自己报国济民的志向。宋代理学家张载有句话，叫作“为天地立心，为生民立命，为往圣继绝学，为万世开太平”，激励了无数文人志士为理想矢志不渝。志向不明，人的一生很快就会在庸碌中度过。明代边贡《赠尚子》一诗中这样写道：“少年学书复学剑，老大蹉跎双鬓白。”说的是有些年轻人正要坐下学习书本上的知识，忽而又要去学舞剑，这般浮躁，任时光匆匆流逝，最终只落得个白发苍苍。

索尔·德拉克鲁斯是17世纪墨西哥著名的女诗人。她之所以能够在文学创作上取得杰出的成就，是她对自己的人生有明确的规划，并且为自己的目标不懈努力、勤学苦练的结果。

据说，索尔·德拉克鲁斯十几岁的时候，就已经成为当地有名的美女了，她不但有轻盈灵巧的身段、美丽动人的容貌，而且还长着一头人人艳羡的秀发。当时，索尔的家人和朋友都希望她能成为一名出色的演员，因为以她的条件，做演员是再合适不过了。但是，她的志向并不是做一名演员，而是想成为一名诗人，能够经常用自己所写的美丽诗篇讴歌自己伟大的祖国和勤劳的人民。

虽然她一心想写好诗歌，但是她一开始所写的诗歌并不好，而且经常受到老师的批评。有一天，一群伙伴又跑到她家来找她出去一起玩。虽然她也很想出去，可最后还是婉言拒绝了："我这几天刚刚写了几首诗，正在请老师帮忙审阅呢！如果老师说我有进步，那我就和你们一起出去玩。如果说没有，那我就……"

因为大家都非常喜欢她，所以不想失去她这样一个好伙伴，于是大家就一起坐下来，耐心地等着。过了一会儿，老师拿着诗稿来了。索尔·德拉克鲁斯接过来一看，脸当时就红了，因为老师不但在上面修改了许多，而且还专门加了批语，说她进步很小，自己感到很失望，等等。

索尔·德拉克鲁斯很认真地看着诗稿，一言不发，其他人也都默默地注视着她，忽然，她放下诗稿，随手抓起一把剪刀，"咔嚓"一下，就把自己那一头人人羡慕的长发剪了下来。顿时，大伙惊得目瞪口呆。

索尔·德拉克鲁斯为什么要剪掉自己美丽的头发呢？原来，为了写好诗，她给自己立下了一条规矩：如果自己在规定的时间里没有学好自己规定的课程，或者在学业上没有什么大的进步，就要把那一头漂亮的头发剪掉，以示惩罚。她对那些还处在目瞪口呆之中的伙伴说："如果一个人没有任何的知识和才能，而只有一个空洞的脑袋，那她就不应该有漂亮的头发做装饰！"于是，她又一次谢绝了伙伴们的邀请。

正因为索尔·德拉克鲁斯的内心对自己有着明确的目标，而且坚定不移地向着目标进发，所以，她才能够在伙伴们都来邀她出去玩的时候定下心来，才能最终成为墨西哥著名的女诗人。

让你的目标像一枚钉子一样，镶进坚实的木桩里，再也拔不出，你就会有更强烈的征服欲，坚定地向它迈进。只有有了明确的目标，我们的人生才能够不彷徨、不浮躁，就像根深扎于泥土中的大树一样，早晚可以枝繁叶茂。

清除心态障碍，发掘最佳心智模式

人类的天性需要一个空间。尤其是在你的生命之舟超载时，赶紧给自己清理一方天地，不然你很快会被往事所束缚、禁锢。当我们纠缠自己的内心时，会感到难以呼吸。通常我们这样做是出于想不开，缺乏自信或是害怕孤单，而不是解放自己。如果你爱自己，应该给自己自由。

清除你的心态障碍，是心态归零的起点。你的人生需要这种起点——抛开束缚，生命便多了一条道路，多了一种选择，为你的人生扫除所有不可能因素，添加无限的可能性。

拿破仑·希尔在幼年时便立下大志：长大后，一定要成为一位名作家。

希尔的决心非常坚定，他也非常清楚，要成为名作家，一定要先拥有运用文字的娴熟技巧，所以必须先有一本好字典。可是，在他生长的穷困乡间，要有足够的零用钱去买一本好字典，几乎是不可能的事。

抱有坚定信念的希尔不接受这一事实，他竭尽所能地去积攒能获得或赚得的每一分钱。终于有一天，他存够了钱，买到了一本字数最多、内容最详尽的好字典。

如果你用辛苦多年的钱，买了一样自己梦想已久、渴望获得的东西，你将会如何去珍爱它呢？

希尔拿到他的字典后，第一件事便是翻到“Impossible”（不可能）这个词，随即把这个词剪下来丢弃。他说：“在我的字典中没有‘不可能’，我的一生中也永远不会有不可能完成的事。”

清除不可能才会有可能，成功就是这样简单。

在面对困难的时候，许多人出于各种原因，逃避可能遇到的挫折，对问题本身产生了一种畏惧心理。因为畏惧问题，所以开始寻找畏惧的理由，不断说服自己问题是多么巨大，情况是多么艰难，所以不可能找到解决问题的良方，这样，畏惧就变成是正常而合理的。

对于困难，若是你能控制它们、驱逐它们，它们就会自动离开你的内心；反之，你越觉得它们真实，越是对其心存畏惧，它们越是会肆无忌惮地吞噬你。面对问题也是如此，如果你畏惧问题，那你就将被问题击倒；相反，如果你迎向这些困难，你就有可能克服它们。

20世纪50年代初，美国某军事科研部门着手研制一种高频放大管。科技人员都被高频率放大能不能使用玻璃管的问题难住了，研制工作因而迟迟没有进展。后来，由发明家亨利负责的研制小组承担了这一任务。前车之鉴，上级主管部门在给亨利小组布置这一任务的同时，还下达了一个指示：不许查阅有关书籍。

终于，亨利小组制成了一种高达1000个计算单位的高频放大管。在完成了任务以后，研制小组的科技人员都想弄明白：为什么上级要下达那个奇怪的指示？

于是他们查阅了有关书籍，结果让他们大吃一惊，原来书上明明白白地写着：如果采用玻璃管，高频放大的极限频率是25个计算单位。“25”与“1000”，差距何其大！

后来，亨利对此发表感想说：“如果我们当时查了书，一定会对研制这样的高频放大管产生怀疑，就会没有信心去研制了。”

向困难低头，给自己找个借口，你就不会有尝试的勇气；若敢于向困难宣战，用智慧和毅力去克服，成功就会变成可能。所以，面对困难，不要轻言放弃，要积极地寻找方法，找到成功的途径。

其实，生命的行进就如同一次旅行。你可以列出清单，决定背包里该装些什么帮你到达目的地。但是，记住：在每一次停泊时都要清理自己的口袋：什么该丢，什么该留，把更多的位置空出来，让自己活得更轻松、更自在。

要活得轻松，就要给自己充分的自由，自由地决定任何事情，按照自己的意愿去生活，而不要被往事所左右，为自己设下限制。这才是一个成功者应具备的最佳心态模式。

扩大人脉资源，要主动出击

占据主动位置，就意味着你已经迈出了成功的第一步。

社会是一个以人为主体的环境，人的一切都要从人与人的接触中产生。在社会生活中，别人供给你所需，也肯定你的贡献。你存在的价值就建立在他人的回应上。

所以，你认识的人愈多、公共关系愈好，就愈容易成功！

同时，现实也就注定了你必须主动去营造你的人脉网，主动出击也就意味着你成功了一半，而选择放弃，本来应该属于你的东西你也就不再拥有。

人生有些事情，个人是无法选择的。比如，你无法选择自己的父母，无法选择自己的亲戚，也无法选择自己出生的时间和环境等。但是，一个人在长大成人，尤其是经济自立之后，你可以自由选择营造你的人脉网，结交什么样的朋友，构成什么样的人际关系网。这是我们最大的自由。

我们经常会遇到这样一种场面：

在生日宴会上，几个好朋友聚在一起欢天喜地地玩玩闹闹，而旁边会有人只是一声不吭地吃着东西，没有加入到那些人的行列中。这样的人实际上是白白放弃了扩大自己交际圈的好机会。如果能主动争取和别人交流，那就会为自己开拓一个新世界，也会助力自己的成功。

那么，怎样才能和对方良好地交流呢？有这样一句话："对方的态度是自己的镜子。"在日常的人际交往中，有时自己感觉"他好像很讨厌我"，其实这时正是自己讨厌对方的征兆。因此，对方也会察觉到你好像不喜欢他，当然两个人就越来越讨厌彼此了。在出现这种情况的时候，自己要主动与对方交流，主动敞开心扉。

“对方愿意接近我，我也愿意和他交谈”“对方如果喜欢我，我也喜欢他”。如果用这种被动的姿态与人交往，那你永远也不会建立起和谐友好的人际关系。要想使自己拥有和谐友好的人际关系，使自己每天的心情都轻松愉快，毋庸置疑，那就应该采取积极主动的态度与人交流。

要想营造好的人脉网必须主动。一切自卑的、畏首畏尾和犹豫不决的行为，都只能导致人格的萎缩和做人处世的失败。所以，拿破仑说进攻是“使你成为名将和了解战争艺术秘密的唯一方法”。

有一位张先生，在平常的生活中，他十分重视与人结识的机缘。比如，他刚刚搬到世纪花园的时候，一天傍晚，他看见邻居家的女主人走了出来，便隔着十几米的树丛向对方望，然后非常自然地找到恰当的时机，抬起头，露出笑容，喊一声“你好！”随后，张先生便弯身穿过树丛，到她的后院，开始与她聊起天来。他们就这样认识了，彼此留下电话，约好互相帮助，大家有个照应。

那第一声“你好”是怎么产生的呢？张先生认为他们几乎是同时隔着树丛向对方打招呼；张先生也相信，他们是一起有意识地走向树丛，为的是与对方结识。

在交际中也是如此，主动，可以使人了解到社会和人生意义，也可以说，人际交往是平静温和的“战争”。因此，主动，不仅是一种行为方式，从心态上讲，也是一种积极向上的心态，从思想上讲，更是一种主动的谋略。

不管你所从事的是什么工作，习惯于守株待兔的人都会被淘汰出局。任何一种事都不能靠等待去完成，抱有这种态度的人最终只会一事无成。只有躬身自省、主动做事，才有成功的可能。

虽然道理是这样，但也避免不了人们心里对主动交往存在的误解。比如，有的人会认为“先同别人打招呼，显得自己没有身份”“我这样麻烦别人，人家肯定反感我”“我又没有和他打过交道，他怎么会帮我的忙呢”，等等。其实，这些都是害人不浅的误解，没有任何可靠的事实能证明其正确性。但是，这些观念却实实在在地阻碍着人们，阻碍了人们在交往中采取主动的方式，从而失去了很多结识别人、发展友谊的机会。

当你因为某种担心而不敢主动同别人交往时，最好去实践一下，用事实去证明你的担心是多余的。不断的尝试会积累你成功的经验，增强你的自信心，使你在工作场合的人际环境愈来愈好。

在谈话中，如果能控制话题的主动权，你的压力就会缓和下来。但是，要是主动权落入他人手中，在受制于人的情况下，谈话便不会像你希望的那样顺利进展。如果对方不怀好意，存心问些尖锐敏感的问题，你更是一味陷于挨打的尴尬了。此时，人们大都苦思如何回答问题，殊不知，这样一来，正中了对方的陷阱。

其实，这时恰是你反击的时候。你无须正面回答对方的问题；相反可以提出相关的问题，反过去征询对方的意见。据说，善于社交的高手，大都擅长使用这种“转话法”，以确保谈话时的主导权。

除了变被动为主动外，人在谈话时难免失言，而在关系重大的面谈时失言则可能造成严重后果。因此一旦失言，大家第一个反应就是慌乱，即使是无伤大雅，告诉自己“完蛋了”，瞬时热血直往脑门上冲，说话就更加语无伦次。其实，这种情况下，不能慌就好，就能变被动为主动。

“你好”是个最普通的词，相错而过的车船上，人们可以彼此喊一声“你好”，即便萍水相逢，也可以因为喊一声“你好”而从此相识。

拥有丰富多彩的人际关系是每一个现代人的需要。可是，现实生活中，很多人的这种需要都没有得到实现。他们总是慨叹世界上缺少真情，缺少帮助，缺少爱，那种强烈的孤独感困扰着他们，使他们痛苦不已。其实，很多人之所以缺少朋友，仅仅是因为他们在人际交往中总是采取消极的、被动的退缩方式，总是期待友谊从天而降。这样，虽然他们生活在一个人来人往的工作场所，却仍然无法摆脱心灵上的寂寞。这些人，只做交往的响应者，不做交往的主动者。

你要明白，别人是没有理由无缘无故对我们感兴趣的。因此，如果想赢得别人的友情，与别人建立良好的人际关系，你就要构建自己的良性心态，就得采取主动，勇敢而大方地与别人交往。相信，只要主动，你就赢得了成功人脉的一半。

克服犹豫，把握时机

犹豫是指遇事瞻前顾后、前思后虑、拿不定主意、难下决断的性格特征。

这种矛盾状态，时间久了会使人备感焦虑。其产生常常有一定的性格基础，凡事追求完美，遇事则犹豫不决，难于取舍。它的主要表现是左顾右盼、拿不定主意、耳朵软、缺乏主见、优柔寡断，特别是在重大选择上做决定时，总是瞻前顾后，过分担心做错决定的后果；对于什么是正确的事情缺乏直觉，不能立刻做出清醒的判断，强迫自己寻求他人的建议，等等。

思想家、哲学家柏拉图问老师苏格拉底什么是爱情，老师就让他先到麦田里去摘一根全麦田里最大最黄的麦穗来，只能摘一次，并且只可向前走，不能回头。

柏拉图于是按照老师说的去做了。结果他两手空空地走出了麦田。老师问他为什么没摘，他说："因为只能摘一次，又不能走回头路，其间即使见到最大最黄的，因为不知前面是否有更好的，所以没有摘。走到前面时，又发觉总不及之前见到的好，原来最大最黄的麦穗早已错过了，于是我什么也没摘。"

老师说："这就是爱情。"

又有一天，柏拉图问他的老师什么是婚姻，他的老师就叫他先到树林里，砍下全树林最大最茂盛的树。同样只能砍一次，同样只可以向前走，不能回头看。

柏拉图于是照着老师说的话做。这次，他带了一棵普普通通，不是很茂盛，亦不算太差的树回来。老师问他："怎么带这棵普普通通的树回来？”他说：“有了上一次的经验，当我走到大半路程还两手空空时，看到这棵树也不太差，便砍下来，免得最后又什么也带不出来。”

老师说：“这就是婚姻！”

可见犹豫是人类普遍存在的一种心态，从某种意义上讲，是一种心理障碍。这种心理障碍产生的原因，不外是内在和外在两种因素构成的。从内在因素讲，或者是由于涉世不深，年轻幼稚，许多事情被父母包办代替，缺少实际锻炼；或者是由于性格脆弱，缺乏主见，容易受到外界的影响。从外在因素讲，有的是受到过选择失误的挫折，形成消极的心理暗示；有的是从小家里管教过严，胆小怕事，谨小慎微，唯恐选择失误挨埋怨受指责。这种犹豫心理往往是在人生观的形成时期受到外来刺激，导致性格扭曲而贻误终身的。

人犹豫时，往往出于“前怕狼，后怕虎”的矛盾心态，让他们陷入强烈的内心冲突。原因之一往往是过于在意别人的态度，过于在乎别人对自己的看法，担心自己会被别人嘲笑，因此不敢轻易举动。另一个原因是认为“决定”是不能挽回的，认为一旦决定付诸实践，就不会再有退路，因此不敢轻易做决定。

其实，“进”还是“退”都不是问题，重要的是一定得在尽量短的时间内做出明确决定，否则，内心矛盾被自己强行“搁置”，不仅耽误别人的时间，也影响自己的前途。

只要你增强自信心，就能在重大问题上做出快速正确的判断，并加以选择，不断改善甚至改变这样的性格。只要正确认识自己，全面地看待他人和自己，就会感觉自己没那么差，可能只是状态不佳或太在乎他人的看法或想法而已。而他人的看法或想法往往存在片面性，引起你不必要的自卑感。你只要将做不好的事，反复多做几次，就会慢慢熟悉，事情能完成得很好。多给自己鼓励，相信自己有这个能力。人不能一遇到困难就退缩。人的一生中注定要遇到许多困难，你必须想尽办法去克服，才能获得圆满。

图书在版编目（CIP）数据

别让心态害了你 / 庞丽娟编著. -- 北京 : 线装书局, 2018.3

ISBN 978-7-5120-3041-1

Ⅰ. ①别… Ⅱ. ①庞… Ⅲ. ①情绪—自我控制—通俗读物 Ⅳ. ① B842.6-49

中国版本图书馆 CIP 数据核字 (2017) 第 303785 号

别让心态害了你

编　　著：庞丽娟
责任编辑：李津红
出版发行：线装书局
　　地　址：北京市丰台区方庄日月天地大厦 B 座 17 层（100078）
　　电　话：010-58077126（发行部）010-58076938（总编室）
　　网　址：www.zgxzsj.com
经　　销：新华书店
印　　制：三河市中晟雅豪印务有限公司
开　　本：880mm×1230mm　1/32
印　　张：8.5
字　　数：183 千字
版　　次：2018 年 3 月第 1 版第 1 次印刷
印　　数：0001—5000 册

线装书局官方微信

定　　价：32.00 元

别让心态害了你

一个哲人说过：“你的心态就是你真正的主人。”一位伟人说：“要么你去驾驭生命，要么生命驾驭你，你的心态决定谁是坐骑，谁是骑师。”心态决定命运。现代心理学已经证实，心态决定一个人的情绪，而情绪又决定一个人的人生。情绪源于心理，它左右着人的思维与判断，进而决定人的行为，影响人的生活。

别让心态害了你

策 划 人 | 侯海博
编　　著 | 庞丽娟
责任编辑 | 李津红
封面设计 | 李艾红
特约编辑 | 聂尊阳
美术编辑 | 李丝雨

生活不会总是一帆风顺，
经常会有事情让我们出现负面情绪，
但我们可以选择面向阳光，
时刻温暖自己的心，放下阴霾的心情，
做最阳光的自己。

学会拒绝别人的不合理要求，学会赞美和沟通，不再懦弱和自卑，做生活中的主人，做内心强大的自己。